지리쌤과 함께하는
80일간의
세계 여행

지리쌤과 함께하는 80일간의 세계 여행
아시아 · 유럽 편

1판 1쇄 2017년 7월 27일 | 1판 4쇄 2020년 3월 30일

지은이 전국지리교사모임 | 펴낸이 윤혜준 | 편집장 구본근
고문 손달진 | 본문디자인 박정민 | 지도 일러스트 최청운
펴낸곳 도서출판 폭스코너 | 출판등록 제2015-000059호(2015년 3월 11일)
주소 서울시 마포구 월드컵북로 400 문화콘텐츠센터 5층 15호(우·03925)
전화 02-3291-3397 | 팩스 02-3291-3338
이메일 foxcorner15@naver.com | 페이스북 www.facebook.com/foxcorner15

종이 광명지업(주) 인쇄 수이북스 제본 국일문화사

ⓒ 전국지리교사모임, 2017

ISBN 979-11-87514-11-4 03980

지리쌤과 함께하는
80일간의
세계 여행

아시아·유럽 편

전국지리교사모임 지음

푹스코너

안녕하세요? 독자 여러분과 80일간의 세계 여행을 함께 떠날 지리쌤입니다. 우리가 떠날 여행은 이웃 국가 일본, 중국부터 시작해 동남아시아, 남부아시아, 유럽을 거쳐, 가보기도 어려운 아프리카, 아메리카, 지구의 땅끝 남극을 거쳐 오세아니아를 돌아보는 코스입니다. 우와~ 대단하죠? 누구나 한 번쯤은 꿈꿔보았을 세계 일주의 꿈을 시작해보려 합니다.

1870년대 포그가 도전했던 세계 일주와는 '다른' 세계 여행

어릴 때 읽은 《80일간의 세계 일주》(쥘 베른 저)를 기억하세요? 1873년에 나온 이 소설은 영국 신사 필리어스 포그가 자신의 전 재산을 걸고

80일간의 세계 일주에 도전하며 겪는 모험담이지요. 소설 속에서는 주인공이 런던을 출발해 수에즈, 봄베이, 캘커타, 홍콩, 요코하마, 샌프란시스코, 뉴욕을 거쳐 런던으로 돌아오는 데 정확히 3초가 남은 80일이 걸렸답니다. 아슬아슬한 세계 여행기에 사람들이 빠져들었고, 오늘날까지 읽히는 스테디셀러가 되었지요.

포그가 1870년대 도전했던 세계 여행을 우리는 2010년대에 다른 시각, 다른 마음, 다른 코스, 다른 방법으로 도전해보려고 합니다. 지금은 세계인이 지구촌 문제를 놓고 서로 의논하며 협력하는 시대이니만큼 내가 살고 있는 지구촌을 제대로 알고 이해하고자 하는 마음으로 여행을 떠나려고요. 돈을 내고 서비스를 누려보겠다는 관광객의 시선을 거두고, 또 다른 사회의 문화와 역사를 배우고 자연을 이해하며 주민들의 삶 속으로 들어가고자 하는 '공정한' 여행자의 시각을 갖추고자 합니다.

포그는 배와 기차를 이용해 비슷한 위도대를 돌아 빠듯하게 여행했지만, 우리는 21세기에 살고 있으니 더 많은 지역을 여유롭게 여행할 수 있어요. 시간 단축을 위해 국가 간 이동은 비행기를 이용하겠지만, 한 국가 안에서는 기차와 지하철도 타고 버스나 배도 이용하고, 무엇보다 구석구석 걸어 다니며 오감으로 느껴볼 생각이랍니다.

즐겁고 신나는 여행을 위해 지리쌤이 뭉쳤다

'지리쌤과 함께하는 80일간의 세계 여행'은 처음에 초중고 교사들을 위한 연수로 기획되었어요. 오늘날에는 세계화 시대를 살고 있는 아이들에게 글로벌 이슈에 대한 이해와 국제적 감각을 익히게 하는 일이 정말 중요해졌지요. 하지만 초중고 선생님들이 사회 및 지리 시간에 '세계지리'를 가르치는 일은 쉽지만은 않았어요. 실제 가보지 못한 지역을 인터넷과 책에서 배운 지식으로 가르쳐야 하는 두려움이 컸기 때문이죠. 이런 두려움을 날려버릴 수 있도록, 여행을 떠난 것처럼 즐겁고 신나는 연수를 만들어볼 수는 없을까, 하는 고민에서 열한 명의 지리쌤들이 뭉쳤답니다.

자신이 다녀온 나라를 나누어 맡았고, 여러 차례 모여 연수의 방향, 내용을 토의하며 아이디어를 공유했어요. 포그가 도전했던 '80일간의 세계 일주'처럼 지리쌤과 80일 동안의 세계 일주를 해보기로 한 거예요. 그래서 준비하는 데 1일, 각 나라마다 3일을 배정했고, 마무리 정리를 하는 데 1일을 더해 80일의 여행 계획을 세웠답니다. 베트남과 캄보디아는 묶어서 3일, 인도와 아르헨티나, 오스트레일리아는 6일 동안 여행하기로 한 걸 예외로 하고요. 한 나라에 사흘이라니 빠듯할 수도 있겠지만, 많은 나라를 가보는 것이 좋을 것 같아 부지런히 움직이기로 의견을 모았어요(1권에는 40일의 여행이 담겨 있고, 나머지 40일은 2권에 담길 예정입니다). 세계 각 나라에 대한 이야기를 지리와 기후, 역사, 문화, 그들의 삶을 이해하는 것에 초점을 맞춰 소개했고, 이를 통해 세계지리 내용의 이해는 물론, 세계 여행에 대한 자신감, 더 나아가 다양한 도전으로 연결되길 기대했지요.

처음 연수를 기획할 때만 해도 이런 여행 연수가 되겠냐며 회의적인 시각이 많았어요. 세계 여행 연수로는 처음이었고, 새로운 도전이었습니다. 우려와는 달리 입소문을 타고 2014년 한 해 동안만 12,580명의 선생님들께서 직무연수를 선택해주셨고, 지금껏 16,000여 명의 선생님들께서 '지리쌤과 함께하는 80일간의 세계 여행'을 다녀왔습니다.

행복한 세계 여행 경험, 우리 아이들과도 나누고 싶다

"세계를 보는 시선을 넓혀준 유익한 연수!"

"방학 중이면 훌쩍 해외로 떠나는 많은 쌤들이 마냥 부러웠던 저에게 헛헛함을 달래주는 가뭄 속 단비 같은 연수."

"해외여행 하면 유럽의 멋진 건축물과 미술품만 떠올렸는데 이제는 미처 알지 못했던 나라에도 관심을 갖게 되었어요."

"공정여행도 인상 깊었어요. 학생들에게도 이 점은 꼭 주의시켜야겠다고 다짐했어요."

"이미 세계 일주를 한 듯한 느낌, 최고로 행복했던 연수."

"미래의 주역이 될 학생들의 꿈과 희망을 키우는 데 도움이 되도록 열과 성을 더 기울여야겠다고 다짐했습니다."

등등 전국의 선생님들이 적어주신 후기는 지리쌤들에게 진한 감동과 용기를 주었어요. 이 기회를 빌려 고마운 마음을 전하고 싶네요.

특히 "여행이나 답사에서 느끼고 깨달은 모든 것이 삶의 소중한 지표가 될 수 있도록 여러 계층에 알려지는 연수로 거듭나기를 바란다"는 의견이 많았고요, 또 집에서 자녀들과 함께 들었다며 아이들이 재밌어 한다는 후기도 많았어요. 지리 교사로서 보고 느낀 것을 전국의 선생님들과 나누고 싶다는 소박한 마음으로 시작한 연수였는데, 지리쌤 열한 명의 해외여행 경험이 수많은 선생님들에게 다양한 간접 경험을 제공할 수 있음을 깨달았답니다.

이처럼 공유의 힘을 믿게 된 지리쌤들은 미래를 살아갈 아이들과도 이 경험을 함께 나누고 싶다는 꿈을 갖게 되었어요. 그러던 중 폭스코너 출판사의 도움을 받아 연수 콘텐츠를 수정하여 누구나 함께 읽을 수 있는 책으로 펴내게 되었습니다.

이 책을 읽는 분들의 마음에 '두근거리는 여행 계획'과 '소중한 장소의 추억'이 아로새겨지길 바라며, 용기를 내어 한 걸음을 또 내딛습니다. 무엇보다 이 책을 읽는 청소년들이 세계로 나아가는 데 주저함이 사라지고, 지구촌 구석구석의 일들이 내 이웃의 일들로 여겨지면 좋겠습니다. 21세기를 살아가는 진정한 지구촌의 시민으로서 배려와 존중을 바탕으로 낯선 세상을 향해 성큼성큼 걸어나가 꿈을 펼쳐내길 기대합니다.

캐나다
퀘벡
가스페 반도
미국
나이아가라 폭포
라스베이거스
모하비 사막
그랜드 캐넌
로스앤젤레스
태평양
대서양
아마존 강
페루
브라질
리마
쿠스코
줄리아카
티티카카 호수
브라질리아
리우데자네이루
이구아수 폭포
상파울루
코르도바
로사리오
부에노스아이레스
칠레
아르헨티나
토레스 델 파이네 국립공원
푼타아레나스
킹조지 섬
(세종과학기지)
남극
국립공원

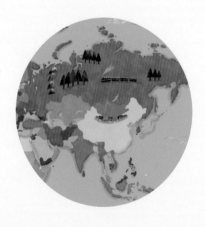

1부

매력적인 자연과 역사를 품은 대륙, 아시아

일본

홋카이도

오사카 성
도톤보리

데지마
운젠아마쿠사국립공원
나가사키 평화공원

혼슈

도쿄

오사카 교토
시코쿠

나가사키

규슈

아사쿠사
지유가오카
오다이바

기요미즈데라

1
Japan

🔴

가까운 나라 일본, 더 가까워지는 여행

📍 일본은 지리적으로 대한민국과 인접한 데다, 역사적으로도 상호 간
에 많은 영향을 주고받은 나라이지요. 하지만 위안부 합의 문제나 독도
영토 분쟁 등의 갈등 요인 때문에 문자 그대로 '가깝지만 먼' 나라이기
도 해요. 가깝지만 멀고, 멀지만 지정학적 이웃인 일본은 우리나라 사람
들이 가장 여행을 많이 하는 나라 중 하나이기도 하죠. 결론적으로 일본
을 21세기 동아시아의 동반자로 보든, 여전히 풀리지 않은 갈등의 대상
으로 보든, 일본은 우리가 꼭 알아두어야만 할 나라라는 거예요. 그러므
로 80일간의 세계 여행의 첫 출발지는 가장 가까운 일본에서부터 시작
하는 게 좋을 것 같아요.

전통과 첨단이 공존하는 도시, 도쿄

도쿄로 들어가기 위해 이용할 수 있는 공항은 두 곳이 있어요. 하네다공항과 나리타공항이지요. 도쿄를 출입국하는 여객 수요가 크게 늘어나면서 나리타공항을 만들어 하네다공항의 역할을 분산시킨 거랍니다. 큰 공항 두 곳이 필요할 만큼 도쿄가 크고 세계적인 도시라는 의미겠지요.

해외여행을 하게 되면 보통 시차가 발생해서 현지에서 시계를 조정하곤 하죠. 요즘은 휴대폰만 껐다 켜면 자동으로 로밍이 되어서 많이 편리해졌지만, 그래도 시차 자체는 존재하기 때문에 적응의 시간이 얼마간 필요해요. 하지만 일본은 우리나라와 같은 시간대를 쓰기 때문에 시차가 전혀 없어요. 동일한 표준경선을 사용하기 때문이랍니다.

우리가 지금과 같은 국제 표준시를 사용하게 된 건 1884년의 일입니다. 당시 세계 최강대국이었던 영국의 그리니치천문대를 기준으로 본초자오선을 정했죠. 이 본초자오선을 0도로 정해 360도인 지구를 동경 180도와 서경 180도로 나누었어요. 이 기준에 따르면 우리나라의 중심은 동경 127.5도입니다. 하지만 일본과 같은 동경 135도를 표준경선으로 사용하고 있지요.

왜냐고요? 역시 아픈 역사를 이야기하지 않을 수 없겠네요. 일제강점기의 영향 때문이거든요. 일제에 강제병합되기 전인 대한제국 시기, 즉 1897년에서 1909년까지는 우리도 동경 127.5도를 표준경선으로 사용했어요. 이때는 우리나라의 낮 12시가 정확히 정오였던 거죠. 그런데 나라의 힘이 충분히 강성하지 않았던 터라, 청나라의 간섭을 받게 되죠. 그래서 중국의 표준경선인 동경 120도를 사용하게 되었는데, 그러다 보니 오전 11시 30분이 정오가 되어버렸어요. 그러다 일제강점기에는 또 일본의 표준경선인 동경 135도를 사용하게 되면서 12시 30분이 정오가 되어버린 거예요. 나라의 힘이 없으니 시간 주권마저 잃었던 셈이지요.

광복 이후 시간대의 주권을 되찾으려는 노력이 있긴 했어요. 1954년부터 1961년까지는 127.5도를 기준으로 표준시를 정했죠. 그런데 이렇게 정하고 보니 다른 문제가 생긴 거예요. 다른 나라들은 국제관례로 1시간 단위의 시차를 사용하는데, 우리만 30분 단위로 사용하게 된다는 점이었죠. 항해나 무역을 할 때 여러 불편이 발생하게 되자, 부득불 다시 동경 135도 기준으로 돌아가게 된 거랍니다. 그래서 일본을 여행할 때는 시차 문제를 전혀 고려할 필요가 없게 된 거죠.

도쿄 여행의 첫 출발지는 에도시대의 정취를 만끽할 수 있는 '아사쿠사[淺草]'로 정했어요.

아사쿠사의 현관이라 불리는 가미나리몬은 거대한 등이 아주 인상적이랍니다. 942년에 지금보다 남쪽에 만들어졌다가 1192년부터 1333년까지 이어진 가마쿠라 시대에 현재 위치로 옮겨졌답니다. 옮겨질 당시 왼쪽에는 바람의 신, 오른쪽에는 번개의 신을 함께 안치했어요. 신을 두었다는 것은 무언가를 염원하기 위해서였겠죠?

아사쿠사의 현관 가미나리몬

바로 그 너머에 있는 '센소지(淺草寺)'라는 절의 안녕을 염원했던 거랍니다. 센소지는 도쿄에서 가장 오래된 절인데, 과거 일본 사람들은 바람의 신과 번개의 신에게 자연재해로부터 이 절을 안전하게 지켜주기를 빌었답니다. 지금도 그렇지만 역사적으로도 일본은 태풍, 지진, 홍수 등 자연재해가 빈번하게 발생해왔기 때문이지요. 물론 풍년이나 태평연월과 같은 개인적인 소망을 기원하는 사람들도 있었을 테고요.

지금 현재 아사쿠사에서 볼 수 있는 가미나리몬은 사실 1960년에 다시 만들어진 거예요. 원래의 가미나리몬은 1865년에 발생한 대화재로 소실되어버렸어요. 한 사업가의 기부로 다시 만들어진 후, 지금까지 아사쿠사의 상징으로 일본인의 사랑과 세계인의 관심을 받고 있답니다.

외국인들이 우리나라에 여행을 오면 고층빌딩 사이에 좁은 길들이 있고, 현대식 건축물 사이에 고풍스러운 기와집이 있는 풍경이 인상적

나카미세 거리

센소지-호조문

센소지-관음당

이라고들 하지요. 도쿄도 번화한 도심 한복판에 이런 고풍스러운 문을 가지고 있어서 마치 시간여행을 즐기는 느낌을 자아낸답니다.

가미나리몬을 통과해 '나카미세〔仲見世〕 거리'로 들어서보죠. 전통의 상인 기모노 상점도 있고 민속품을 파는 가게도 보이죠. 전통 먹거리들이 그 사이사이 진을 치고 있고요. 작은 상점들이 쭉 이어진 모습이 우리나라 인사동과 비슷한 곳이랍니다. 유명 관광지라 인파로 북적이는데, 골목길이 좁은 것도 그런 번다함에 한몫하고 있죠. 이 시장이 에도시대에 만들어진 까닭입니다. 에도시대는 1603년부터 1867년까지 도쿠가와 막부가 통치하던 시기를 말해요. 당시 도쿠가와 막부의 소재지였던 이곳 도쿄를 에도라고 불렀거든요. 1868년 메이지유신을 거치며 도쿄라는 이름을 가지게 되었고 일본의 수도가 되었죠. 에도시대의 정취를 고스란히 간직한 나카미세 거리를 걷다 보면 센소지의 입구인 호조문에 도달하게 됩니다.

센소지는 도쿄에서 가장 오래된 사찰인데, 그 역사가 628년부터 시작돼요. 당시엔 이곳 아사쿠사가 작은 어촌이었어요. 도쿄를 관통해 도쿄만으로 흘러나가는 스미다 강에서 한 어부 형제가 고기잡이를 하다 뭔가를 건져 올렸는데, 올리고 보니 관음상이었죠. 이 소식을 들은 아사쿠사의 관리가 출가해 관세음보살 신앙을 연구하는 데 평생을 바쳤다고 해요. 그 후 645년에 여행 중이던 승려 쇼카이〔勝海〕가 이곳을 찾아와 관음당을 건립했다고 합니다.

관음당이 세워지고 참배객이 늘면서 아사쿠사도 발전하기 시작했어요. 가마쿠라시대에는 당시 일본의 지배자들이나 세력가들이 센소지를 숭상하면서 멋진 건물들을 많이 만들었다고 해요. 에도시대에도 센소지의 중요성은 변함이 없었어요. 에도 막부 초대 장군인 도쿠가와 이에야스는 센소지를 막부의 기원을 올리는 절로 지정했을 정도니까요. 그래서 에도 문화의 중심지로 더욱 번창하게 되었죠. 지금은 '아사쿠사 관음'이라는 애칭이 있을 만큼 일본인들에게 의미가 있는 곳이라고 해요.

센소지에 가보면 흔히 볼 수 있는 풍경이 있어요. 사람들이 향로 주변에 모여 온몸으로 연기를 쐬는 모습이지요. 몸으로도 쐬고 손짓을 해 머리 위로도 연기를 보내곤 하죠. 향을 쐬면 건강하게 살 수 있다는 믿음 때문이라고 해요. 본당인 관음당에 들어가기 전에는 '데미즈샤(手水舍)'라고 하는 물로 몸을 깨끗하게 씻고 들어가야 하기 때문에 사람들이 손을 씻거나 입을 헹구는 모습도 많이 볼 수 있습니다.

관음당에 올라가면 본존 앞에 구멍 뚫린 나무판이 있어요. 이곳에 돈을 넣고 손뼉을 두 번 치고 기도하면 된다고 해요. 관음당을 건립한 쇼카이 스님은 꿈에서 계시를 받은 후 관세음보살상을 사람들의 눈에 띄지 않도록 두었다는데, 9세기 중반 엔닌 스님이 보면서 참배할 수 있도록 관세음보살상과 똑같은 모습으로 불상을 만들었다고 해요. 하지만 특별한 행사 때에만 공개되기 때문에 일반인들은 12월 13일에만 볼 수 있답니다.

사실 이 관음당도 1945년 도쿄 대공습으로 완전히 소실되었다가 전국 각지의 일본 국민들이 힘을 모아 1958년에 재건한 것입니다. 철근과

콘크리트를 보강해 더 튼튼하게 옛 모습을 재현했죠.

오래된 사찰에 왔으니, 점괘를 보는 것도 재미있는 일이겠죠. 미쿠지라고 불리는 통에 점괘가 들어 있어요. 하나 고르기만 하면 된답니다. 혹시 여행 중에 괜히 액운이 나와 기분이 상할까봐 신경 쓰인다면, 걱정 마세요. 나쁜 점괘가 나오면 걸어놓고 갈 수 있는 시설도 있거든요. 좋은 점괘만 가져가면 되는 거죠. 액땜을 했다 치면 되니, 마음 언짢을 일은 없답니다.

이제 센소지 바로 옆에 있는 아사쿠사 신사로 가보죠.

아사쿠사 신사는 에도 막부의 3대 장군인 도쿠가와 이에미쓰가 지었습니다. 센소지가 관세음보살상을 모신 사찰이라면, 아사쿠사 신사는 관음상을 발견한 어부 형제, 그리고 관음상 때문에 출가하게 된 당시의 아사쿠사 관리, 이 세 사람의 신주를 모시고 제사를 올리는 사당입니다. 원래 신사의 명칭은 '산자곤겐(三社名神)'이었습니다. 도쿄의 3대 축제 중 하나가 산자 마쓰리인데, 이 축제가 센소지와 산자곤겐에서 동시에 열렸다고 해요. 그러다 메이지시대 초기 '신불혼효금지령(神佛混淆禁止令)'이 제정되면서 신사와 사찰이 분리된 거죠. 이때 산자곤겐이 아사쿠사 신사라는 이름으로 바뀌었고, 산자 마쓰리는 아사쿠사 신사에서 열리는 것으로 정해졌답니다.

아사쿠사 신사

📍 도쿄 3대 축제

✿ 간다 묘진 신사의 '간다 마쓰리'

홀수 해의 5월 15일경에 열리는 정기 축제예요. 제례나 축제 때 신을 모시는 일본의 가마인 미코시 수십 개가 신사 인근 지역을 줄지어 행진한답니다.

✿ 아사쿠사 신사의 '산자 마쓰리'

5월 셋째 주 주말에 사흘 동안 개최되는 축제예요. 아사쿠사 지역의 많은 전통 거리들을 통해 약 100여 개의 미코시 퍼레이드도 열린다고 해요.

✿ 히에 신사의 '산노 마쓰리'

짝수 해 6월 중순에 열리는 이 축제는 아카사카 지역의 번화한 거리를 미코시 퍼레이드로 지나는 축제랍니다.

이제 일본의 전통적인 풍경을 보았다면, 색다른 일본의 모습을 볼 수 있는 곳으로 안내할게요. 도쿄 속의 작은 유럽이라 불리는 '지유가오카〔自由が丘〕랍니다. 마치 베네치아를 축소해 옮겨놓은 분위기를 내고 있지요. 지유가오카라는 이름은 '자유의 언덕'이라는 뜻이에요. 아기자기한 유럽풍 건축물과 전통 일본식 건축물이 혼재해 있고, 상점이나 카페들도 체인점보다는 개성 넘치는 개인 상점들이 많아서 낭만적이랍니다. 획일적으로 변해가는 대도시들과는 다른 모습이라, 그 매력에 사람들의 발길이 끊이지 않는 곳이지요.

이곳의 역사는 그리 오래되지 않았어요. 1980년대부터 여대생들에게 인기 있는 패션 거리로 이름을 알리기 시작했죠. 도쿄를 비롯해 일본 대부분의 번화가에 SPA 브랜드가 입점하면서 획일적인 분위기가 형성

지유가오카

된 데 반해, 이곳은 유명 글로벌 브랜드의 점포 대신 개성 넘치는 상점들로 공간을 메우고 있어요. 지유가오카는 시모키타자와, 기치조지와 함께 도쿄에서 독특한 분위기를 형성하는 명소로 손꼽힌답니다.

📍
SPA 브랜드

제품의 기획, 생산, 판매까지 제조사가 주체적으로 결정하며 대량 생산을 통해 최신 유행을 반영한 상품을 저렴한 가격에 판매하는 방식의 패션 브랜드.

이곳엔 차도 보이지 않아요. 지유가오카가 유명세를 타게 되면서 모여드는 자동차들 때문에 보행자들이 위험에 처하거나 불법주차 문제로 도시 미관이 훼손되자, 지역 상인들은 자전거와 자동차의 통행을 막기 위해 아이디어 토론을 했답니다. 그 토론에서 도출된 것이 바로 벤치의 활용이었어요. 지유가오카의 정서에 맞는 아름다운 디자인의 벤치를 곳곳에 설치해 도시의 미관을 아름답게 지키면서 자동차 통행이나 불법주차를 차단한 거죠.

　지역 상인회는 지유가오카의 보행 문제 해결뿐 아니라 다양한 활동을 통해 상호교류하고 있답니다. 대표적인 사례가 꿀벌을 키우는 거예요. 상인들이 함께 꿀벌을 키운 덕분에 꽃과 나무로 가득한 거리가 만들어졌죠. 지역 주민들을 위한 이벤트도 많이 한다고 해요. 한 프랑스 레스토랑에서는 주말마다 직접 재배한 희귀 채소를 판다고 하는데요, 쉽게 구할 수 없는 채소를 사러 오면 직원들이 직접 요리 방법까지 알려준다고 하네요. 채소를 판매해 수익도 내고 신선한 채소를 사용한다는 이미지도 홍보할 수 있으니 일석이조인 셈이죠. 하지만 이곳은 지역 주민들의 삶의 터전이기도 합니다. 관광을 할 때도 지역 주민들의 일상적인 삶을 방해하지 않도록 조용히 관광하는 매너를 발휘한다면 우리나라에 대한 인식도 더 좋아지겠죠?

　이제 도쿄 만의 꿈과 미래를 품은 '오다이바〔お台場〕'로 가볼까요?

　오다이바로 가는 방법은 여러 가지가 있어요. 무인 고가열차인 유리카모메선을 타고 가는 방법도 있고, 도쿄 워터 크루즈를 이용하는 방법도 있죠. 차를 타거나 걸어서 레인보우 브리지를 건너는 방법도 있고요. 유리카모메선을 타면 마치 공상과학 영화에나 나

오다이바 가는 길-유리카모메

올 법한 체험을 할 수 있답니다. 특히 맨 앞 칸의 앞에 서서 정면을 바라보면 무인 열차라 탁 트인 시야를 보며 오다이바로 갈 수 있죠.

오다이바는 에도시대에 만들어진 인공 섬이에요. '다이바'라는 이름은 바다의 공격으로부터 도시를 지키기 위해 도쿄 만에 만든 인공 섬을 말해요. 일본의 평야는 대부분 해안의 퇴적평야예요. 이런 평야에 인구와 상업시설, 공업시설이 모여들면서 대도시로 발달하게 되었죠. 하지만 해발고도가 낮고 지반이 약해 재해에 취약하다는 단점이 있어요. 그래서 다이바가 필요했던 거죠. 1980년대에 재개발이 추진되었고요. 하지만 1990년대 일본의 버블경제가 붕괴되면서 재개발의 열기가 다소 주춤해졌고 그다지 주목받지 못한 공간이 되어버렸답니다. 그러다 도쿄 도심에 인구, 상업, 공업시설들이 너무 몰리게 되자 도심 과밀화 문제가 대두되었고, 이곳저곳 부도심을 만드는 과정에서 오다이바 또한 임해 부도심의 역할을 부여받게 되면서 다시 부활하게 된 거죠. 바닷가와 가깝다는 장점 덕분에 공업도 발달했고요. 참고로 신주쿠, 하라주쿠,

오다이바의 야경

메가웹

시부야 같은 번화가들도 도쿄의 부도심 역할을 하고 있답니다.

오다이바는 도쿄의 부도심 역할뿐 아니라 쇼핑과 엔터테인먼트의 중심지이면서 과학기술과 관련된 다양한 볼거리를 제공하는 관광지로 성장했어요. 멀리서도 보이는 대관람차는 컬러 곤돌라와 시스루 곤돌라 중 골라서 탈 수 있고요. 시스루 곤돌라는 전체가 투명한 관람차예요. 좀 무섭겠지만, 사방으로 도쿄의 경치를 즐길 수 있어 인기가 많다고 해요. 심장이 약한 분은 좀 자제해야겠지만요.

오다이바에는 일본의 자동차회사인 도요타에서 만든 메가웹이라는 공원이 있는데, 다양한 자동차가 전시되어 있어 남성분들이 특히 좋아한다고 해요. 메가웹이 남성분들이 좋아할 만한 곳이라면 여성분들에게 인기 있는 관광지는 팔레트 타운이라는 쇼핑센터 안에 있는 비너스 포트를 꼽을 수 있어요. 18세기 유럽 마을을 모델 삼아, 아름다운 조명 경관과 천장을 수놓은 파란 하늘, 그리고 아기자기한 소품을 판매하는 상점들로 채워진 공간이라 인기가 많은 곳이죠.

비너스포트

일본의 과거를 느껴보고 싶다면, '오에도 온천'이라는 곳을 추천하고 싶어요. 에도시대의 정취를 느낄 수 있는 온천테마파크랍니다. 에도시대 거리를 흉내 낸 푸드코트도 있고, 일본 특유의 감성이 느껴지는 정원도 있어요. 일본의 미래가 궁금하다면, 일본과학미래관에 가보면 됩니다. 일상생활에서 이용되는 작은 기술부터 지구를 다루는 최첨단 기술까지 다양한 과학기구들을 직접 만져볼 수도 있고 체험해볼 수도 있죠. 특히 500만 개의 별이 쏟아지는 플라네타리움은 정말 장관이랍니다.

도쿄는 워낙 큰 도시라 며칠만으로 전체를 다 볼 수는 없어요. 가까운 여행지이니 다음에 또 오기로 하고, 이제 오사카로 가볼까요?

📍
도쿄타워

일본의 명소 중 하나인 도쿄타워는 1958년에 지어졌어요. 라디오와 텔레비전 방송을 송출하는 전파탑의 역할과 피뢰침의 역할을 하죠. 150미터에 위치한 일반 전망대에서는 도쿄와 관동의 경치를 360도로 볼 수 있어요. 250미터의 특별 전망대에서는 후지산까지 보인답니다. 가장 높은 333미터에는 피뢰침, 항공장애등, 풍향풍속계가 설치되어 있죠. 밀랍인형박물관과 수족관도 있고요. 현재는 방송 방식이 디지털로 바뀌면서 도쿄 스카이 트리가 역할을 분담하고 있답니다.

일본의 역사를 간직한 간사이 지방, 오사카 & 교토

오사카의 첫 여행지는 오사카 성입니다. 오사카의 상징과도 같은 곳이죠. 오사카는 여러 차례 흥망성쇠를 반복했어요. 그 흥망성쇠의 역사에서 가장 중요한 무대가 바로 이 오사카 성입니다. 오사카는 5세기 즈음의 고대부터 정치적·경제적으로 번영했어요. 한국, 중국과 교류하면서 지식과 문화, 그리고 예술품과 기술 등을 듬뿍 받아들였죠. 그때 불교도 전해졌고요. 645년 일본의 수도를 아스카에서 오사카로 바꾸기도 했죠. 이후 여러 번 수도가 바뀌었지만, 오사카는 언제

오사카 성-천수각

나 산업과 문화를 발전시키며 일본 역사에서 중요한 역할을 담당해왔던 곳이랍니다.

1583년 도요토미 히데요시가 전국을 통일하면서 오사카가 다시 중심지 역할을 하게 돼요. 오사카 성이 만들어진 이유 자체가 수운이 편리한 장점을 이용해 전국 통일의 거점을 마련하기 위해서였죠. 이후 도쿠가와 막부가 시작되면서 다시 도쿄로 일본의 중심지가 옮겨가게 됩니다.

하지만 도쿠가와 막부의 에도시대에도 오사카는 번영했어요. 전쟁에서 패한 아픔을 털고 일어나 빠른 속도로 도시를 복구하는 데 성공했죠. 편리한 수운을 이용해 전국 각지에서 쌀을 비롯한 곡식과 온갖 먹거리가 오사카로 모여들어 '천하의 부엌'이라고 불렸을 정도니까요. 다른 나라들과 먹거리를 주고받기도 했고요.

그러다 1614년과 1615년에 도쿠가와와 도요토미가 충돌한 두 차례의 큰 전투를 치르면서 오사카 성과 주변 마을이 모조리 불타버립니다. 이후 도쿠가와 막부가 정권이 교체된 것을 알리기 위해 오사카 성이 있던 터에 다시 성을 쌓아올린 게 지금의 오사카 성이에요. 1868년 도쿠가와 정권이 막을 내릴 때까지 오사카 성은 중요한 요충지 역할을 했죠. 오사카 성을 직접 보면 이 막부가 얼마나 대단한 위세를 지녔었는지 알 수 있답니다.

천수각 지붕 위에 있는 조각들은 순금으로 만들어진 거예요. 천수각은 맨 처음 1585년 도요토미 가문이 만들었습니다. 5층으로 된 천수각에 검은 옻칠을 한 판자와 금박 장식을 붙여 만들었죠. 그래서 천수각 안에는 도요토미 가문과 오사카 관련 문화유산들이 전시되어 있습니다.

망루 역할을 하기 위해 지은 건데, 단순히 망루라고만 하기에는 크고 호화롭죠. 오사카 시내가 훤히 다 보일 정도니까요. 일본 3대 성 중 하나라는 말이 과언이 아니랍니다.

최초의 천수각은 1615년 오사카 성이 함락되었을 때 불에 타버렸어요. 그러자 도쿠가와 가문이 기존의 천수각보다 더 큰 규모로 두 번째 천수각을 만들었죠. 이 천수각도 1665년에 소실되었고, 지금의 천수각은 1931년 오사카 시민들이 기부금을 모아 도요토미 가문이 만들었던 원래 천수각 모양을 복원해 만든 거라고 해요. 도시가 쇠락하는 와중에도 희망을 잃지 않고 도시를 발전시키기 위해 꾸준히 노력해온 오사카 시민들이 참 대단하죠?

오사카 성은 성벽이 거대한 암석들로 이루어져 있어서 감히 침공할 엄두도 내지 못할 만큼 장대한 위용을 지니고 있습니다. 전국 각지에서 가져온 100만 개에 달하는 암석들로 만들어졌거든요. 성벽이 만들어진 건 도쿠가와 막부 시기인데, 천하를 호령하던 도쿠가와 가문의 권력만큼이나 성벽 또한

오사카성의 성벽과 해자

어마어마한 규모를 자랑한답니다. 높은 곳은 20미터를 넘고 길이를 다 합하면 12킬로미터나 되죠. 성벽 아래 깊게 파인 해자만으로도 침략이 용이하지 않았을 테니, 이중의 안전장치를 갖춘 셈이죠. 해자는 폭이 무려 9미터에 달하는 곳도 있답니다.

이제 좀 먹으러 가볼까요? 오사카의 먹자거리라고 하면 뭐니 뭐니 해도 '도톤보리'죠. 일본에서는 어느 지역을 설명할 때 흔히 "이 지역은 무엇을 하다가 망한다"라는 표현을 많이 써요. 가령 "교토는 입다가 망하고, 고베는 신다가 망한다"고 하죠. 이곳 오사카는 "먹다가 망한다"고들 한답니다. '천하의 부엌'이라는 별명이 말해주듯 다양한 재료를 이용한 음식문화가 발달했다는 뜻이죠. 참고로 "교토는 입다가 망한다"라는 건, 오랫동안 수도였던 탓에 격식을 차릴 일이 많아 다양한 직물산업이 발달했음을 의미하고, "고베는 신다가 망한다"라는 말은 외국 문물을 많

도톤보리 강

이 접한 탓에 머리부터 발끝까지 치장하는 데 신경을 쏜다는 의미랍니다.

오사카는 총 여섯 개의 강이 도심을 관통하는데, 그중 하나인 도톤보리 강은 4년의 공사 끝에 1615년에 완공된 인공하천이랍니다. 이렇게 운하가 발달한 덕분에 전국 각지의 식재료가 모이게 된 거죠. 운하 덕분에 상업도시로 번영을 누리기도 했고요.

메이지유신 이후 수도가 도쿄로 옮겨지기도 했고 일본 전체가 큰 변화를 겪게 되었죠. 그 와중에 무역 중심지였던 오사카의 경제도 잠시 주춤하게 되지만, 이내 다시 상업도시로 성장하게 되었습니다. 19세기 말에는 '동양의 맨체스터'라고 불릴 만큼 공업이 발전했고, 그만큼 매연도 많아져서 스모그 현상이 심하게 나타나기도 했어요.

부침은 또 이어집니다. 제2차 세계대전을 겪으면서 끊임없는 공습으로 오사카 곳곳의 상업시설과 산업시설이 파괴되었죠. 하지만 오사카 역사에 있어 쇠락의 기간은 아주 잠시 스쳐지나가듯 할 뿐이었고, 오사카 시민들의 불굴의 의지는 그 어느 때도 꺾이지 않았죠. 오히려 위기 다음엔 이전보다 더 잘사는 오사카를 만들어내곤 했답니다.

오사카를 찾는 사람들이 가장 신기해하는 것은 재미있는 간판들이랍니다. 오사카의 명물 간판들 중에서 가장 유명한 건 1935년에 만들어

구리코 간판

오사카의 간판들

진 구리코 간판이에요. 여기 사용된 네온사인을 일렬로 늘어트리면 무려 5킬로미터가 넘는다고 하니, 정말 굉장하죠? 밤에 보면 더욱 장관이랍니다.

간판들이 마구잡이로 걸려 있는 것 같으면서도 특유의 재치 있는 분위기를 자아내고 있답니다. 일본의 많은 기업들이 대부분 오사카에서 시작되었을 만큼 상인정신이 투철한 지역이라 오랜 역사를 가진 상점이 많고, 그렇다 보니 자기 상점의 간판에 대한 애정과 자부심도 깊을 수밖에 없죠.

오사카식 라멘

상업이 번성한 도시이니 서민들의 먹거리 역시 발달할 수밖에 없었던 곳이고요. 대표적인 게 라멘이죠. 돼지 뼈를 우려낸 뽀얀 국물에 김치와 부추를 넣어 먹는 게 오사카식 라멘입니다. 밀가루에 양배추, 돼지고기, 오징어 등을 넣어 만든 오코노미야키나 밀가루에 건새우와 문어 등을 넣고 동그란 모양으로 만드는 타코야키는 요즘 우리나라에서도 쉽게 먹을 수 있는 인기 먹거리죠.

오사카에서 불과 30분 정도만 이동하면 교토가 나와요. 교토는 794년부터 1868년까지 헤이안시대의 수도였어요. 제2차 세계대전의 참상 속에서도 피해를 면한 덕분에 오랜 시간의 유적들이 비교적 잘 남아 있는 지역이랍니다. 헤이안시대에는 지배자가 수시로 바뀌며 정치 중심지도 여러 번 바뀌었지만, 천황과 황실은 항상 교토에 기거했답니다.

이곳에서는 '기요미즈데라(清水寺)'를 방문하려고 해요. 아슬아슬한 모습으로 계곡에 위치한 사원인데 교토에 있는 수많은 절 중에서도 교토를 대표하는 가장 유명한 사원이랍니다. 기요미즈데라로 올라가는 길은 '기요미즈자카'라고 불러요. 가는 길에 있는 상점들을 보면 복을 부르는 고양이, 마네키네코가 많이 놓여 있어요. 정말 귀엽답니다. 교토는 근대 이후 직물, 칠기, 도기, 자기, 부채, 인형 등을 만드는 전통공

기요미즈데라   입장권

업의 중심지여서 수준이 상당하답니다. 기요미즈자카를 올라가는 내내 이런 아기자기한 상점들이 이어져 지루할 새가 없죠.

그렇게 올라가다 보면 '니오몬'이라는 주황색 문이 나와요. 그리로 들어가면 기요미즈데라인 셈인데, 한자로 청수(清水)인 것만 봐도 '순수하고 깨끗한 물'이라는 뜻이라는 걸 알겠죠. 센소지에서 본당에 들어가기 전에 손과 입을 깨끗하게 헹구고 들어갔던 것 기억나나요? 여기서도 본당에 들어가기 전엔 후쿠로우의 물에 손과 입을 헹궈야 한답니다. 이렇게 하면 두통이나 치통이 낫는다는 설도 있어요.

기요미즈데라의 본당(혼도)은 절벽에 있어서 위태로워 보이지만, 139개의 기둥이 15미터나 되는 높이의 본당을 매우 견고하게 받치고 있답니다. 교토가 한눈에 내려다보이죠. 여기서 뛰어내려 다치지 않으면 소원이 이루어진다는 전설이 있지만, 절대로 뛰어내리시면 안 돼요!

오토와 산의 맑은 물

절벽 아래쪽으로 가볼까요? 오토와 산에서 흘러나오는 맑은 물이 세 개의 통에서 떨어지고 있는데, 국자로 이 물을 받아서 남김없이 마시면 역시 소원이 이루어진다고 해요. 이쪽이 절벽에서 뛰어내리는 것보단 훨씬 도전해볼 만하죠?

기요미즈데라는 엔친[延鎭]이라는 승려가 꿈에 나타난 관음의 부름을 받고 관음상을 모신 것을 시초로 788년에 건립되었어요. 이후 다른 사찰들처럼 소실되고 재건되기를 반복하다가 1633년 도쿠가와 이에미쓰가 지금의 모습으로 복원했다고 합니다. 아, 기요미즈데라에서 내려갈 때 넘어지면 3년 안에 재앙이 찾아온다고 하니, 넘어지지 않도록 조심히 내려가세요.

번영과 쇠락 그리고 재건의 파노라마, 규슈

간사이 지방이 고대와 중세시대의 흔적을 만날 수 있는 곳이라면, 규슈는 근대를 느낄 수 있는 곳이에요. 세계의 창구라고 불리는 '데지마〔出島〕'는 원래 개항보다는 쇄국이 목적이었어요. 1570년에 나가사키 항을 개항한 이후, 처음 입항한 건 포르투갈 상인들의 선박이었는데, 이 외국 상인들은 상업에도 열심이었지만 기독교 전파에도 열과 성을 다했죠. 당시 정권을 잡고 있던 에도 막부 입장에서는 이들의 포교가 골칫덩어리였어요. 그래서 이 포르투갈 상인들의 포교를 막기 위해 데지마를 만든 거죠.

데지마는 나가사키의 상인들이 기금을 모아 바다를 매립하고 부채꼴 모양으로 만든 인공 섬이랍니다. 1636년 이후 이곳에 포르투갈 상인

데지마

들을 격리시키고 나가사키 주민들과 교류를 차단한 채 무역을 허용했지만, 1639년 쇄국령으로 외국 선박의 입항이 완전 금지되었죠.

에도 막부는 2년 뒤인 1641년부터 네덜란드 상인들을 데지마에 머물게 했어요. 쇄국령을 내린 지 2년 만에 외국인의 거주를 허용하다니 웬일일까요? 네덜란드 상인들은 다른 나라 상인들과는 달리 포교에 별 관심이 없었기 때문이에요. 보수적인 에도 막부도 상업에만 치중하는 네덜란드 상인에게는 관대했던 거죠. 네덜란드에서 주로 설탕을 수입하면서 나가사키 음식은 전반적으로 단맛이 강한 음식으로 바뀌게 되었다고 해요.

데지마를 통해 다양한 학문도 유입되었고요. 쇄국을 목적으로 만든 데지마가 오히려 세계 문물을 받아들이는 창구가 되었다는 게 재미있는 아이러니죠. 하지만 1858년 미국과 일본 사이에 통상조약이 체결되면서 네덜란드 상업관은 폐쇄되었어요. 이렇게 데지마의 개항지 역할은 끝나게 되고, 이어진 메이지시대에는 데지마 주변 바다가 매립되면

나가사키 짬뽕

차이나타운 입구

서 나가사키 시가지에 데지마가 파묻히게 되었죠. 최근 들어 데지마의 역사적 가치가 재조명되면서 원래 모양이 드러나게끔 복원 작업이 이루어지고 있답니다. 일본은 문화재 복원에 관심이 많은 나라거든요.

배가 출출하다면, 나가사키까지 왔으니 나가사키 짬뽕을 한 그릇 먹는 것도 좋겠죠? 5분 거리에 차이나타운이 있으니까요.

이제 지옥순례를 한번 가볼까요. 성지순례는 들어봤어도 웬 지옥순례냐고요? '운젠아마쿠사국립공원〔雲仙天草國立公園〕'은 수많은 바위틈에서 뜨거운 연기가 피어오르고 유황 냄새가 나서 마치 지옥을 다니는 기분이 들 정도랍니다. 운젠 산은 현재도 활동 중인 활화산이거든요. 지옥순례라는 말이 완전히 비유만은 아닌 것이, 에도 막부가 천주교 신자들을 박해할 때 나가사키의 천주교 신자들에게 이곳의 뜨거운 온천수를 부으며 개종을 강요했다고 해요. 끝까지 개종을 거부한 신자들은 온천에 빠져 죽음을 면치 못했죠. 당시엔 말 그대로 지옥 같은 곳이었겠죠.

701년 승려 교우키〔行基〕가 운젠 산에서 처음으로 온천수를 발견하고 '만묘지'라는 사찰을 만들면서 운젠의 역사가 시작돼요. 당시 운젠의 온천은 승려들과 남성들만 즐길 수 있는 곳이었고 여성은 출입금지였죠. 1792년 대규모의 분화와 대지진이 일어난 뒤 상황이 달라졌지만요.

일본에서 지진과 화산 활동이 활발한 이유는 판의 경계에 위치하고 있기 때문입니다. 지구는 여러 개의 판으로 이루어져 있고 이 판들이 조금씩 이동하는데 일본은 이런 판과 판이 만나는 경계에 위치한 거죠. 그

운젠아마쿠사국립공원

래서 신생대에 생성된 지층이 유독 많아 불안정하답니다.

　워낙 재해가 잦다 보니 일본 사람들은 자연에 순응하는 태도를 지니고 있다고 해요. 지진과 화산은 인간의 힘으로 통제가 불가능하지만, 대신 내진 설계 등으로 최대한 대비를 철저히 해서 피해를 줄이려 애쓰고 있죠. 덕분에 일본은 재해 대비 시스템이 상당히 잘 구축된 나라랍니다. 또 재해의 이면에 존재하는 좋은 점들을 적극 활용하기도 하지요. 가령 화산재가 쌓여 비옥한 성질을 지니게 된 화산회토로 농사를 짓는다든지, 온천을 즐긴다든지 하는 경우죠.

　운젠의 온천은 유황을 함유한 강한 산성천이랍니다. 강한 산성수는 살균효과가 뛰어나서 피부병을 개선하고 신경통, 근육통, 관절염이나 만성피로에도 효과가 뛰어나다고 해요.

　온천을 즐기며 몸의 피로를 풀었으면, 이제 이번 일본 여행의 마지막 장소인 '나가사키[長崎]'로 가볼까요.

　우리나라가 광복을 맞이하기 며칠 전인 1945년 8월 9일 이곳 나가사키에 원자폭탄이 떨어졌어요. 엄청난 파괴력을 가진 원자폭탄의 열과 방사선, 파괴와 동시에 발생한 폭풍 때문에 나가사키 시가지는 완전히 붕괴되어버렸어요. 아직도 방사능에 피폭된 많은 사람들이 고통 속에 살아가고 있을 만큼 깊은 후유증이 남았죠.

　나가사키는 이런 비참한 전쟁을 되풀이하지 않겠다는 다짐과 세계 평화를 향한 소망을 담아 평화공원을 만들었어요. 이곳에 있는 평화기념상에 그런 소망이 담겨 있죠. 하늘을 가리키고 있는 오른손은 원자폭탄의 위협을 상징하고, 수평으로 뻗은 왼손은 평화를 표현한 거랍니다. 살짝

나가사키 평화공원의 평화기념상

평화의 샘

감은 눈은 원폭 희생자들의 명복을 빈다는 의미이고요.

피폭 50주년이 되던 1995년 8월 9일을 '나가사키 평화의 날'로 지정하고 그 후 매년 8월 9일이면 이 조각상 앞에서 평화기념식이 열린답니다. 이곳엔 평화의 샘도 있는데, 원자폭탄 투하 당시 뜨거운 열기 속에서 물을 찾아 헤매다 죽음에 이르게 된 수많은 피해자들의 애통함을 달래주기 위해 만든 거예요. 전국 각지에서 피해자들의 명복을 빌며 세계 평화를 염원하는 기부의 손길이 닿아 만들어진 거라고 해요. 벽만 남고 사라져버린 성당, 처참하게 녹아내린 유리병, 이런 것들을 보고 있노라면 전쟁의 아픔이 고스란히 느껴지죠. 전쟁은 다시 되풀이되지 않아야 할 재앙입니다.

다른 한편으로는 새삼 나가사키 시민들이 대단하다고 느껴져요. 향후 75년간은 이 지역에 초목도 살 수 없다는 이야기가 나왔을 만큼 참혹한 폐허였는데, 그 속에서도 희망을 잃지 않고 지금의 번성한 모습으로 나가사키를 발전시켰으니까요.

이런 참사를 겪었으니 핵이라면 끔찍할 법도 한데, 일본 역시 원자력발전을 계속 사용하고 있죠. 게다가 최근엔 지진 때문에 대형 원전 사고까지 발생했는데 말이에요. 일본이 원자력발전을 고수하는 데는 여러 가지 이유가 있는데, 우선 70년대 오일 쇼크가 큰 이유 중 하나죠. 석유 가격이 요동치게 되면서 저렴하고 안정적으로 에너지를 공급할 방법을 고민하게 되었는데, 그게 바로 원자력발전이었던 거예요. 원자력발전의 원료인 우라늄은 적은 양으로도 어마어마한 양의 에너지를 생산할 만큼 효율이 좋기로 유명하죠. 게다가 화석연료 사용량이 폭발적으로 증가해 지구온난화가 전 세계적 이슈가 되면서, 대기 오염물질 배출이 적은 원자력발전이 대안으로 각광받기도 했고요.

하지만 원전 사고는 한번 일어나면 그 피해가 엄청나기 때문에 각별한 주의가 필요해요. 무엇이든 동전의 양면처럼 장단을 지니게 마련이죠. 우리 생활에 편리함을 가져다주는 원자력에너지가 될 수도 있지만, 어떤 경우엔 돌이킬 수 없는 파멸을 불러오는 무기가 될 수도 있으니까요.

역사적인 현장이었던 나가사키를 돌아본 것으로 세계 여행의 첫 번째 나라 일본 여행은 마치려고 해요. 다음 여행지는 우리와 지정학적으로나 역사적으로 오랜 관계를 맺어온 또 하나의 나라, 중국이랍니다.

일본 원전 사고는 진행형,
대만은 탈핵 선언

앵커 도호쿠 대지진이 있었던 2011년 3월 11일. 그로부터 6년의 시간이 흘렀습니다. 도쿄에 나가 있는 기자를 연결해 현지 분위기와 일본 상황을 들어보도록 하겠습니다.

기자 오늘은 도호쿠 대지진 6주기입니다. 일본 전역에서는 희생자를 추모하는 행사들이 열리고, 지진 발생 시각에 맞춰 추모 묵념을 하기도 합니다. 6년 전 규모 9.0의 강력한 지진으로 1만 8천여 명이 사망, 실종됐고, 그 이후 병사, 자살 등 '지진 관련사'로 집계된 사람까지 포함하면 희생자만 2만 명이 넘었습니다. 게다가 대지진 당시 거대한 해일로 인해 후쿠시마 제1원전의 냉각 기능이 마비되면서 최악의 방사능 누출사고가 일어났는데요. 이로 인해 폭발한 원전으로부터 반경 20㎞ 안쪽은 사람이 살 수 없는 땅이 되었고, 방사능 누출과 그로 인한 토양 및 하천, 그리고 바다 오염에

대한 우려는 여전히 제기되고 있습니다. 특정비밀보호법이 통과된 이후로는 그나마 제공되던 관련 정보량도 현격히 줄었으며, 후쿠시마 제1원전 폐로까지는 30~40년이 걸릴 것으로 예상됩니다.

앵커 일본의 원전 사고를 계기로 대만에서는 '탈핵' 바람이 일고 있다면서요?

기자 네, 동아시아의 핵발전 집중도가 높아지고 있는 가운데 대만의 '탈핵' 선언은 신선한 충격을 안겨주고 있습니다. 대만은 2014년 4월 수만 명의 시민들이 제4핵발전소 반대 운동을 펼치면서 공정률 98%의 룽먼 핵발전소 건설을 전면 중단시키기도 했는데요. 당시 대만 정부는 핵발전소 건설이 중단되면 전기료도 40% 이상 오르고, 대규모 투자 철회와 금융 파동으로 경제가 어려워질 거라고 주장했습니다. 그

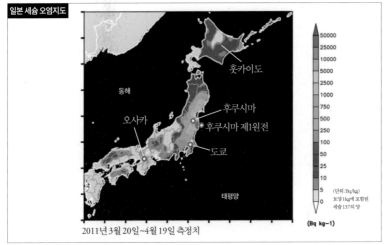

일본 세슘 오염지도

홋카이도

동해

후쿠시마

후쿠시마 제1원전

오사카

도쿄

태평양

(단위:Bq/kg)
토양 1kg에 포함된
세슘137의 양

(Bq kg-1)

2011년 3월 20일~4월 19일 측정치

*PNAS, Vol.108, no.49, 2011년 참조

러나 국민들은 거리로 나와 핵발전소 반대를 외쳤고, 주택가와 국숫집, 빵집, 사무실 등에 1만여 개의 '탈핵 깃발'이 내걸리면서 시민들의 반대 여론이 높아졌습니다. 일본의 원전 사고를 보면서 에너지 이용자는 누릴 권리만 있는 것이 아니라 이용에 따른 책임을 져야 한다는 국민들의 각성이 높아진 것이죠. 2016년 10월 대만 정부는 수명이 끝난 모든 핵발전소의 가동을 중지하는 법안을 의결하고, "2025년 핵발전 제로, 재생에너지 비중 20%"라는 목표를 분명히 했습니다.

앵커 동아시아의 한중일과는 분명 다른 행보로 보이네요.

기자 네, 그렇습니다. 서유럽과 미국은 신규 원전 건설을 줄이고 신재생에너지 비중을 늘리는 에너지 정책을 실시하고 있는 반면, 동아시아는 지속적으로 신규 원전을 늘리고 있습니다. 원전 밀집도가 높아지면서 사고 위험성도 높아지고 있는데요. 이런 추세 속에 우리나라는 수명이 다한 노후 핵발전소 재가동 여부와 신규 핵발전소 부지 선정, 송전탑 건설 등으로 지역민들의 갈등이 심각해지고 있습니다. 일본의 원전 사고와 대만의 탈핵 선언에서 무엇을 배워야 할지 고민이 필요한 때입니다.

—2017년 3월 11일

천안문
자금성
천단공원
만리장성
용경협
다산쯔 798 예술구
왕푸징 거리

중국

베이징

상하이

방병중로
동방명주타워
남경로
황푸 강

중국의 어제와 오늘, 베이징과 상하이

📍 일본만큼이나 우리나라 역사와 떼려야 뗄 수 없는 나라가 바로 중국
이지요. 이제는 세계의 시장으로 자리 잡고 명실상부 G2가 되어, 더욱
주시할 수밖에 없는 나라이기도 합니다. 우리나라와는 고대부터 관련
이 깊죠. 중국의 여러 왕조들과 부침을 겪기도 했고, 때로는 전쟁을 불
사하기도 했고요. 냉전시대에는 공산주의 국가인 중국과 소원하게 지
내기도 했지만, 사실상 공산주의가 폐기되고 자본주의 경제체제를 받
아들인 후로는 우리의 가장 주요한 무역국가 중 하나가 되었죠. 중국을
어떤 관점에서 보느냐에 따라 여러 가지 입장을 가질 수 있겠지만, 서로
영향을 주고받을 수밖에 없는 중요한 나라인 건 분명하답니다.

베이징에 대한 흔한 오해 중 하나를 꼽자면, 베이징이 서울보다 위도가 높기 때문에 베이징의 여름은 서울보다는 시원할 거라는 생각이에요. 하지만 실제로 베이징의 여름은 서울보다 더 덥고 겨울은 서울보다 훨씬 춥답니다. 중위도에 부는 편서풍 때문이죠. 이 편서풍 때문에 우리나라보다 대륙성기후의 영향을 더 많이 받거든요. 그래서 베이징도 서울처럼 여름에 기온이 높고 강수량이 집중되긴 하지만, 서울에 비해 강수량이 많지는 않답니다. 건조하기 때문에 더 덥게 느껴지는 거죠. 한여름에는 40도 이상의 높은 기온이 나타나기도 하니까요.

　베이징은 춘추전국시대 이후로 중국의 정치, 문화, 교통의 중심지로 기능해오고 있어요. 그만큼 역사가 오래되었으니 볼거리도 많겠죠? 사실 베이징 여행이 보편화된 것은 그리 오래되지 않았답니다. 공산국가의 폐쇄성 때문이었죠. 그래도 베이징올림픽을 기점으로 여행이 훨씬 수월해졌어요. 공항에서 시내까지 가는 버스와 전용철도도 만들어졌죠.

　베이징에서 처음 가볼 곳은 '서울 하면 광화문'과 비슷한 느낌을 주는 곳입니다. 바로 '천안문(天安門)'이에요. 엄청나게 크고 으리으리하죠. 천안문광장은 세계에서 가장 넓은 도시 광장이라고 해요. 중국 여행을 하면 어딜 가더라도 가장 먼저 그 규모에 압도당하기 마련인데, 천안문광장에서 처음으로 실감할 수 있을 거예요.

천안문

　천안문은 명나라 초에 처음 만들어졌어요. 1651년 개축되어 지금까지 보존되고 있는 건데, 개축부터 따진다 해도 상당한 역사가 되는 셈이죠. 그런데도 오랜 세월이 무색할 만큼 훌륭하게 보존되어 있답니다. 천안문 가운데 걸린 초상화의 주인공은 마오쩌둥입니다. 지금의 중화인민공화국 정부를 세운 인물이죠.

　하지만 천안문은 마오쩌둥 체제에 반대하는 시위가 벌어진 곳이기도 해요. 이곳 천안문광장에 사람들이 모였죠. 최대 100만 명을 수용할 수 있는 엄청난 규모이기 때문에 중국의 주요 행사는 늘 이곳 천안문광장에서 열린답니다. 1989년 민주화를 요구하는 천안문 사태가 일어나 많은 피가 흐른 곳도 바로 이곳입니다. 천안문 사태 이후, 중국 정부는 시위를 막기 위해 많은 인력을 동원해 광장을 순찰하고 있어요. 특정한 날이 아니면 야간에는 출입할 수 없고요. 팁을 하나 드리자면, 일출 시간이나 일몰 시간에 맞춰 오면 장장 30분에 걸쳐 진행되는 으리으리한 국기 게양식을 볼 수 있답니다.

천안문 다음 코스는 자연스럽게 '자금성'으로 이어지게 됩니다. 자금성은 세계 최대의 궁궐이라 불리는 곳이에요. 한눈에 그 거대한 규모에 압도당하고 말죠. 직접 와보지 않고는 그 크기를 제대로 실감할 수가 없어요. 성벽 높이만 해도 10미터이고, 문도 다섯 개나 있으니까요.

자금성 안에 방이 몇 개인지 아시나요? 무려 9천 개가 넘는데, 사실 정확한 방의 수를 알 수조차 없을 정도라고 하네요. 벽돌 1억만 개, 기와 2억만 개가 쓰였다고 하니, 실로 장엄한 축성 과정이 아니었나 싶어요.

자금성이 지어질 당시의 정문이 바로 천안문이었죠. 현재는 '오문'이 출구 역할을 하고 있어요. 오문의 가운데 문은 황제만 출입할 수 있었답니다. 이런 성의 주인이니, 황제의 권위가 얼마나 대단했을지 알 수 있죠.

자금성

엄청난 규모의 큰 성임에도 불구하고 거대한 문을 여러 개 지나는 동안 나무 한 그루 볼 수 없다는 점도 특이하답니다. 황제의 목숨을 지키기 위한 방편의 하나였다고 해요. 나무는 자객이 숨기에 충분한 공간을 제공하기 때문에 아예 심지를 않은 거죠. 황제를 지키기 위한 노력은 그뿐만이 아니에요. 왕의 침소는 이 큰 성에서도 가장 깊숙한 곳에 배치되어 있고, 바닥에 수십 장의 벽돌을 겹쳐 깔아서 걸을 때마다 소리가 나도록 만들었답니다. 성벽의 높이를 높인 것도 모자라 성 주위에 깊은 해자를 만들어두었고요. 아무리 뛰어난 자객이라도 감히 엄두를 낼 수 없을 정도였죠.

그러던 곳이 이제는 엄청나게 많은 관광객들이 찾는 세계적인 관광 명소가 되었답니다. 사람들이 이렇게 많이 오가다 보면 손상을 입지 않을까 걱정될 정도죠. 그런데 실제로는 자금성이 처음 건축되었을 때 깔았던 돌들이 아직까지 그대로라고 해요. 문화재 보존과 역사 연구에 있어서만큼은 철두철미한 중국의 면모를 볼 수 있죠. 물론 1949년까지 일반인에게 아예 공개가 금지되었던 것도 한몫했을 거고요.

중국은 문화재를 수리할 때 거의 원형을 건드리지 않고 보존하려고 애쓴다고 해요. 쓰러질 것 같은 부분에는 철망이나 철사 지지대를 세워두기도 하지요. 왠지 건물을 채색한 물감도 오래된 느낌이 난답니다. 우리나라 전통 건축물 중엔 보수공사를 하면서 페인트를 진하게 칠하는 바람에 보기 흉하게 된 유적들도 적지 않잖아요. 긴 세월의 희로애락을 담은 전통의 아름다움을 그대로 보존하려는 노력은 배울 점이라고 생각해요.

자금성 안의 대부분의 건축물은 붉은색을 띠고 있어요. 정확하게는 자색인데, 역시 황제와 관련이 깊답니다. 우주의 중심인 북극성을 상징하는 색이거든요. 궁은 하늘의 아들인 황제가 사는 곳이기 때문에 하늘을 상징하는 붉은색으로 건물을 장식한 거죠.

자금성의 모든 건축물이 남쪽을 향하고 있다는 것도 재미난 점이랍니다. 우리나라에서도 남향 건물이 선호도가 높죠. 사시사철 햇빛이 잘 들고, 겨울에는 북서풍을 차단해줘서 따뜻하고 여름에는 통풍이 잘돼 시원하니까요. 자금성이 남향으로 지어진 것도 마찬가지입니다. 남쪽의 양기를 받고 북쪽의 바람으로부터 황제를 보호하기 위한 거죠. 모든 게 황제와 연관되어 있어요. 이런 걸 보면 중국의 황제는 정말 하늘과 같은 대우를 받았다는 걸 알 수 있답니다.

자금성 구경을 마쳤으니 다음 코스로 하늘의 아들인 황제가 제사를 지내던 '천단공원'으로 가볼까요? 이 공원은 자금성보다 훨씬 넓어요. 사람들도 엄청 많죠. 사람들이 모여서 제기차기도 하고 스포츠댄스도 추고 있어요. 진짜 중국 사람들이 살아가는 모습을 볼 수 있어서 흥미롭답니다. 문화유적이 있는 공원에서 자유롭게 여가를 즐기는 모습은 우리에겐 생소한 모습일지도 모르겠네요.

베이징에는 남쪽의 천단, 북쪽의 지단, 동쪽의 일단, 서쪽의 월단, 이렇게 네 개의 제단이 있어요. 그중 천단공원은 현재 남아 있는 세계 최

천단공원 원구단

천단공원 황궁우

천단공원 기년전

대의 제단이랍니다. 네 개의 제단 중 천단이 가장 중요했는데, 황제가
하늘에 제사를 지내던 곳이기 때문이에요. 나머지 제단에서는 해, 달,
땅의 신에게 제사를 지내고 백성의 안위를 기원했죠. 황제가 사용한 건
물이었으니 건축가들이 엄청 정성을 기울였을 것은 분명해 보이죠.

배치도를 보면 남쪽 벽은 사각형이지만, 북쪽 벽은 원형이랍니다. 중
국의 고대 사상인 천원지방(天圓地方)을 나타낸 건데요, 천원지방이란
하늘은 둥글고 땅은 네모지게 인식한 사상을 말해요. 그 세계관을 이렇

게 건축물로 표현한 거죠. 또 북쪽은 높고 남쪽은 낮은 구조예요. '하늘은 높고 땅은 낮다'는 천고지저(天高地低) 사상을 드러낸 거죠. 북쪽에는 황제가 제사를 지내던 기년전과 황건전이 있고, 남쪽에는 역대 황제들의 위패를 모시던 황궁우와 하늘에 제사를 지내던 원구단이 있어요.

원구단 한가운데 동그란 돌이 있는 자리가 황제가 서는 자리였죠. 하늘을 상징하는 천심석인데, 여기서 소원을 빌면 이루어진다고 해서 사람들이 많이 찾아오는 곳이에요. 이 돌 위에 서서 소리를 지르면 메아리치는 소리도 들을 수 있어서 언제나 사람들이 붐빈답니다.

황궁우의 담을 향해 소리치는 사람도 볼 수 있을 거예요. 황궁우를 둘러싼 담은 속이 비어 있어요. 그래서 담에 붙어 소리를 지르면 소리가 돌아나가 반대편에 있는 사람에게도 들리죠. 벽에 대고 소리를 지르는 사람이 있는가 하면, 벽에 귀를 대고 열심히 듣는 사람도 보일 거예요. 황궁우 앞에 있는 세 개의 돌, 삼음석에서도 메아리가 울린답니다.

기년전은 천단공원에서 가장 중요한 건물이에요. 내부의 가장 가운데 기둥은 사계절을 의미하고, 그다음 열두 개의 기둥은 12개월을, 가장 바깥의 기둥 열두 개는 12시를 의미한답니다. 처마의 기둥 스물네 개는 24절기를 상징하죠. 농경사회였던 우리나라에서도 절기를 중시했던 것과 같은 이치예요. 외형뿐 아니라 내부 보존상태도 매우 훌륭하답니다. 바로 어제까지 황제가 사용한 것처럼 각종 조각상과 의자 등이 고스란히 보존되어 있어요.

오랜 시간의 흔적이 잘 보존되어 있는 또 다른 명소가 바로 '만리장

만리장성

'성'입니다. 그럼 만리장성으로 한번 가볼까요?

직접 가서 보면, 왜 만리장성이 '달에서도 보이는 유일한 건축물'이라는 수식어가 붙었는지 딱 실감이 날 거예요. 과장된 표현이긴 하지만 그만큼 거대하고 웅장하니까요. 인류 최대의 토목공사였다고 하죠. 세계에서 가장 긴 무덤이라고도 해요. 그만큼 많은 사람들의 피와 땀으로 만들어진 장성입니다. 십 리가 4킬로미터이니까, 만 리면 4,000킬로미터 정도가 아닐까 싶겠지만, 만리장성의 '만리'는 그만큼 길다는 걸 의미하지, 문자 그대로의 길이는 아니랍니다. 지도에서 확인되는 길이는 2,700킬로미터인데, 중간에 갈라진 길이까지 모두 합하면 총 5,000~6,000킬로미터가 된다고 해요.

기원은 춘추전국시대까지 거슬러 올라갑니다. 분할되어 있던 각 나라들이 적의 침입에 대비해 조금씩 장성을 쌓았던 거죠. 그러다 진시황이 통일 왕국을 건설하면서 각각의 장성을 연결하고 증축하게 된 거랍니다. 통일이 되었으니 내부의 적을 향한 것은 아니고, 북쪽에 살고 있는 흉노족들의 침입을 막기 위한 거였죠. 명나라 때 몽골의 침입에 대비하기 위해 보강하면서 지금의 규모에 이르게 된 거예요.

청나라 때는 장성이 사실상 필요 없었죠. 왜냐면 청나라가 북방민족인 만주족이 건설한 국가거든요. 그래서 청나라 시기에는 방치되었다가, 중화인민공화국이 만들어지면서 관광지로 조성된 거죠.

자연히 만리장성은 문화를 나누는 경계가 되기도 했어요. 북쪽은 유목민족, 남쪽은 농경민족이 사는 곳이었으니까요. 게다가 단순한 성곽이 아니라 도로의 역할도 했죠. 유난히 폭이 넓은 구간이 있는데, 그곳은 마차가 지나던 길이기도 했어요.

모든 구간이 돌로 만들어진 건 아니랍니다. 수천 년 동안 만들어지며 보강되었고, 또 광범위한 지역에 걸쳐 만들어진 만큼 다양한 재료가 사용되었다고 해요. 암석이 많은 지역에서는 돌을 쌓아 만들었지만, 대부분은 흙을 다져서 만든 벽돌로 쌓거나, 벽돌을 구워서 쌓기도 했다고 하네요.

특히 거용관장성은 수도인 북경으로 들어오는 관문이었기 때문에 단단한 돌로 웅장한 성곽을 쌓았답니다. 이곳엔 사랑하는 사람과 함께 오는 걸 추천해요. 우리나라 남산타워에 가면 사랑의 자물쇠를 걸어두는 명소가 있듯이, 이곳 거용관장성에도 사랑을 약속하는 자물쇠를 걸어두는 곳이 있거든요.

만리장성을 한참 걸었으니 땀도 식힐 겸 '용경협'으로 가보죠. 이곳의 협곡이 용을 닮았다고 해서 용경협이라는 이름이 붙은 거예요. 1970년대 이곳을 찾은 장쩌민이 댐을 만들도록 지시했다고 해요. 그래서 엄청난 규모의 인공호수가 만들어진 거랍니다. 일반인에게 공개된 건 1990년대 들어 댐 위로 올라가는 에스컬레이터가 만들어진 뒤였죠. 거대한 용머리 형태의 입구로 들어가면 에스컬레이터를 탈 수 있답니다.

용경협은 베이징 속의 작은 계림이라 불릴 정도로 경치가 매우 좋은 곳이에요. 감탄이 절로 나오죠. 너무 장관이라 이렇게 크고 대단한 호수가 인공적으로 만들어졌다는 게 믿기지 않을 정도예요. 겨울에는 이 용경협에서 빙등제라는 얼음축제도 열린답니다.

용경협

다산쯔798 예술구

장엄한 역사와 자연을 보았으니, 이제 현대의 베이징을 만나러 가볼까요?

가장 먼저 가볼 곳은 '다산쯔798 예술구'입니다. 공장지대, 그것도 아주 낡은 공장들이 가득 들어선 곳이지요. 여기저기 담벼락에 그려진 그래피티를 보고 있으면 마치 미국 도심 주변의 할렘가를 걷고 있는 듯한 느낌마저 들죠. 사실 겉보기엔 공장으로 보이지만, 실내는 모두 개성 넘치는 갤러리들이랍니다. 798은 공장번호를 의미하는 거라고 해요. 원래 1950년대 소련의 도움으로 만들어진 군수공장지대였거든요. 하지만 냉전시대가 끝나면서 군수산업이 어려움을 겪게 되었죠. 당연히 이곳에 있는 공장들도 문을 닫게 되었고요. 대신 저렴한 임대료 덕분에 예술가들이 하나둘 모여들게 된 거랍니다. 공장단지가 예술단지로 변했다는 점에서 서울의 문래동과 비슷하다고 보면 될 것 같아요.

문래동과의 차이점이라면, 문래동이 예술가들 스스로가 모여 만들어진 예술촌인 데 반해 다산쯔는 베이징 정부의 도시계획에 의해 조성된 곳이라는 점이죠. 원래는 섬유산업단지를 만들려고 했지만, 그보다 훨씬 파급효과가 큰 예술단지로 바뀌게 된 거랍니다.

이런 예술촌이 통상 겪게 되는 문제를 이곳도 겪고 있어요. 많은 예술인들이 모여 유명세를 타면서 생기는 집적이익도 있겠지만, 갤러리들이 여기저기 생겨나면서 서로 이곳에 입지하려는 경쟁으로 임대료가 엄청 비싸진 거죠. 불과 5년 만에 임대료가 열 배 이상 높아졌다고 해요. 임대료가 폭등하니 예술가들은 별수 없이 더 저렴한 공간을 찾아 이동하거나 상업적인 작품을 만들어 전시하고 판매하기 시작했죠. 가장 큰 변화라면, 카페들이 즐비하게 들어서게 된 거예요. 예술가들을 위한 공간이 예술가들을 밀어내게 된 현실이 안타깝긴 하지만, 굴뚝과 카페의 이색적인 조화가 현재 다산쯔의 매력이 되기도 했답니다.

슬슬 배도 고프니 근처에서 베이징의 특식, 베이징카오야를 먹어볼까요? 베이징 카오야는 오리고기를 통째로 장작불에 3~4시간 훈제해서 만드는 음식이랍니다. 훈제라니까 기름기 쏙 빠진 음식을 상상하겠지만, 실제로는 기름이 좌르르 흐르죠. 베이징은 이렇게 기름진 요리들이 발달할 수밖에 없었어요. 유난히 길고 추운 겨울을 견디려면 고칼로리 음식을 먹어야만 했으니까요. 그래서 튀김요리나 볶음요리, 고

베이징카오야

왕푸징 거리

기요리 등이 발달하게 된 거랍니다.

현지의 음식을 먹는 것 또한 그 나라를 느끼고 즐기는 방법이니, 오리고기를 야채와 함께 밀전병에 싸서 먹어보세요. 느끼하기는커녕 입맛이 확 돋을 거예요. 고기를 먹었으면 차도 꼭 함께 마셔보세요. 기름진 음식이 많은 베이징에서는 항상 식사할 때 따뜻한 차를 함께 마셔요. 그럼 체하는 것도 예방되고 기름이 분해되는 효과도 있거든요. 그래서 중국에 차 문화가 발달한 것이기도 하고요.

중국의 길거리 음식이 궁금하면 왕푸징 거리를 찾으면 좋습니다. 서울로 치면 명동 같은 곳이거든요. 넓은 거리에 좌우로 특색 있는 상점들이 쭉 늘어서 있죠. 명동처럼 대를 이어 내려오는 오래된 상점도 있고, 새로 만들어진 음식점들도 있고, 프랜차이즈들도 가득 들어차 있죠. 명동이 서울 도심에 위치한 것처럼 왕푸징 거리도 베이징의 중심지에 위치하고 있답니다. 왕푸징이라는 이름은 원나라 왕족들의 저택인 왕푸가 많이 몰려 있어서 거기서 유래했다는 설과, 큰 우물이 있던 자리라는 의미를 담고 있다는 설도 있어요. 지금은 음식을 사랑하는 중국인들의 모습이 잘 드러나는 관광지가 되었죠. 색색의 과일들과 윤기 좌르르 흐르는 양고기꼬치는 물론, 전갈꼬치, 지네꼬치, 메뚜기꼬치까지 흔히 보기 어려운 음식도 많아요. 이곳에서는 "날개 달린 것은 비행기, 다리 달린 것은 책상 빼고는 다 먹는다"라는 말이 있을 정도로 먹거리가 다양하답니다.

이곳의 '더 플레이스'는 우리나라의 코엑스몰과 비슷한 곳이랍니다. 쇼핑몰과 공연장, 그리고 공원 등이 함께 들어선 복합문화공간이죠. 이제는 쇼핑과 여가를 함께 즐기는 '몰링'이 세계적인 트렌드잖아요? 중국도 그런 세계적인 흐름에 발맞춰 변화하고 있는 거죠. 이곳에 와보면 베이징이 정말 현대화된 도시라는 게 느껴진답니다. 이곳엔 으리으리한 전광판도 있어요. 저녁 7부터 9시까지는 사람들이 문자를 보내면 전광판에 띄워주는데, 대개는 결혼기념일 축하 문자이거나 프러포즈 문자라네요.

낭만적인 베이징의 밤하늘을 구경하며 로맨틱하고 서정적인 공연 〈금면왕조〉까지 본다면 베이징 여행의 화룡정점을 찍을 수 있을 거예요.

더 플레이스

금면왕조(金面王朝)

한 여자아이의 꿈으로 시작하는 <금면왕조>는 중국에서 전해지는 이야기로 만들어진 공연이랍니다. 옛날 금빛 가면으로 치장한 여자들만 사는 금면왕국과 파란색 옷과 은으로 치장한 남자들만 사는 남면왕국이 있었어요. 어느 날 남면왕국이 금면왕국을 침략했는데, 결국 싸움은 금면왕국이 승리하게 돼요. 그 후 금면여왕은 뽕잎을 따는 처녀들을 보면서 하늘로 통하는 통천신수를 만들기로 결심해요. 나긋나긋하고 포근하게 휘어지는 통천신수를 완성한 후, 금면여왕은 남면왕국의 왕과 병사들을 풀어줘요.

남면왕은 금면여왕의 어질고 착한 마음에 반하게 되고 두 사람은 사랑에 빠지게 되죠. 하지만 그 후 엄청난 규모의 홍수가 발생하게 되고, 결국 금면여왕이 나라와 백성들을 위해 자신을 하늘에 제물로 바치자, 홍수는 멈추게 됩니다. 죽은 금면여왕은 태양조로 환생해 금면왕국을 지키는 수호신이 됩니다. 그리고 처음 등장했던 꼬마가 다시 나타나 잠에서 깨어나는 것으로 공연은 막을 내립니다.

특히 무대 전체에서 실제로 물이 터져 나오도록 연출된 대홍수 장면은 중국 공연의 엄청난 스케일을 보여주는 장관이죠. <금면왕조>를 보지 않으면 베이징 여행을 했다고 말하지 말라고 할 정도로 훌륭한 무대연출과 화려한 군무를 보여주는 공연이랍니다.

근대화의 도시, 상하이

이제 상하이에 도착했어요. 우선 가볼 곳은 상하이의 옛 거리인 '방병중로'입니다. 이곳에 오면 정말 타임머신을 타고 100년 전으로 돌아온 것만 같을 거예요. 명나라와 청나라 시절을 보여주는 건물들이 참 많거든요. 100년 전의 상하이는 우리에게도 의미가 깊은 곳이죠. 윤봉길 의사가 폭탄을 투척한 홍커우 공원이 이곳에 있으니까요. 지금은 중국인들이 사랑하는 작가의 이름을 따서 '루쉰 공원'으로 이름이 바뀌었죠. 대한민국 임시정부가 세워진 도시이기도 하고요. 3·1운동 이후 일제의 탄압이 심해지자 독립투사들이 상하이에 모여 대한민국 임시정부를 수립했죠. 여기서 대한민국이란 국호를 정하기도 했고요.

우리나라와 마찬가지로 상하이도 서구 열강의 손길에서 자유로울수 없었답니다. 도시 곳곳에 그런 흔적들이 남아 있어서 우리에게 더 친숙하게 다가오는지도 모르겠어요. 지금은 아픈 과거를 훌훌 털어내고하루가 다르게 발전하고 있는 도시죠. 그만큼 물가도 많이 올랐고요.

하지만 시간이 흘러도 변치 않는 것이 있답니다. 바로 붉은색을 사랑하는 중국인의 마음이죠. 온통 붉은색으로 치장된 건물에 붉은 등까지걸려 있어요. 중국인들은 붉은색을 사악한 기운을 물리치고 행운을 가져다주는 색으로 인식하고 있거든요.

상하이 옛 거리는 마치 인사동처럼 느껴지기도 해요. 골목골목마다골동품부터 아기자기한 소품을 판매하고 있는 게 비슷하죠. 전통 민속문화부터 빠르게 확산되고 있는 세계적 트렌드까지 다양한 문화를 만날 수 있다는 점도 비슷하고요.

동방명주타워도 유명합니다. 방송수신탑인 이 건물은 공상과학 영화에나 나올 법한 느낌이 든다고 할까요? 1994년에 만들어졌는데, 이제 상하이에서 빼놓을 수 없는 관광명소가 되었죠. 총 높이 468미터로

방병중로

세계에서 네 번째로 높은 빌딩이랍니다. 하지만 전망대까지 올라가는 데는 40초면 충분한데요, 세계에서 가장 빠른 엘리베이터가 설치되어 있거든요. 참고로, 고소공포증이 있다면 주의하는 게 좋을 것 같아요. 동방명주타워 전망대의 바닥은 투명해서 발 아래로 도시가 내려다보이니까요. 마치 소인국에 놀러온 거인이 된 기분이 들 거예요. 상하이의 수많은 자동차들이 장난감처럼 보이고요. 이 투명한 전망대에서는 바닥에 누워 사진을 찍는 게 인기라고 해요. 날씨가 좋은 날에 와야 멋진 광경을 볼 수 있으니, 미리 체크해보고 방문하는 게 좋겠죠?

동방명주타워

이곳의 야경도 장관이에요. 상하이에서는 야경을 즐기는 방법이 크게 두 가지가 있는데, 하나는 동방명주타워처럼 높은 전망대에서 아래를 내려다보는 것이고, 다른 하나는 황푸 강에서 유람선을 타고 올려다보는 거래요. 황푸 강은 조금 있다 가보기로 하죠.

다음은 '남경로'입니다. 베이징의 명동이 왕푸징 거리라면 남경로는 상하이의 명동이죠. 상하이에서 가장 오래된 번화가이고, 백화점이나 상점이 많아서 언제나 인파로 북적이는 곳이랍니다. "남경로에 가면 없는 물건이 없다"고 말할 정도니까요. 서울의 명동이 주로 젊은 층에 특

남경로

화된 상점들이 많은 데 반해, 남경로는 어린아이에서 나이 지긋한 어르
신들까지 모두가 즐길 수 있는 공간들이 많답니다. 명동보다 훨씬 넓어
서 걷기는 힘이 드는데, 이때 꼬마열차를 이용하면 좋아요. 쇼핑도 목적
이겠지만, 외국인들이 관광을 많이 오는 곳이라서 열차를 타고 둘러볼
수 있게 해둔 거랍니다. 중국이 규모는 거대한 것 같지만, 관광객을 배
려할 땐 참 섬세하지 않나요? 남경로에도 역시 개화기의 건물부터 현대
적인 건물까지 다양한 모습을 만날 수 있어요. 명동에도 차 없는 거리가
있듯 이곳 남경로에도 보행자 전용도로가 구축되어 있어서, 관광에 도
움을 주고 있지요.

어느새 밤이 되었네요. 그렇다면 상하이의 야경을 보러 가야죠. 아까
얘기한 황푸 강 유람선을 타고 말이에요. 밤이 되면 황푸 강 강변의 건

황푸 강 유람

물들이 다채로운 조명으로 옷을 갈아입는답니다. 황푸 강을 경계로 푸동과 와이탄이 나뉘어요. 푸동은 상하이 금융산업의 메카이자 각종 금융 산업시설이 모여 있는 곳이라 고층 빌딩이 많죠. 반면 와이탄은 프랑스인들의 거주지였기 때문에 유럽식 건물들이 많답니다.

영국이 아편전쟁에 대한 책임을 물어 청나라와 강제로 난징조약을 맺었죠. 이 조약 때문에 상하이가 강제 개항되면서, 작은 항구였던 상하이가 무역항으로 바뀌어요. 그러면서 프랑스, 영국, 일본 등에서 넘어온 외국인들의 거류지가 형성되었죠. 거기다 1970년대 집권한 덩샤오핑(등소평)이 개혁개방정책을 실시하면서 폐쇄적이던 중국 경제를 시험적으로 개방하기로 했고, 가장 먼저 개방된 곳이 바로 상하이였어요.

항구가 형성된 지 오래되어 수출입에 편리하기도 했고, 교통이 발달되어 있으며 공업용수와 자원도 풍부한 곳이거든요. 인구도 많아서 저

럼한 노동력을 공급받을 수 있고, 넓은 소비시장을 제공해주기도 했죠. 그래서 상하이를 먼저 개방해 무역을 발전시키고 선진국의 자본과 기술을 받아들이려고 했던 거예요. 외국 기업을 유치하기 위해 세금을 감면해주고, 수출지원정책을 펼치기도 했어요. 낮은 임금 덕분에 경쟁력을 가질 수 있었던 상하이의 공업화 초기에는 주로 섬유 같은 단순 가공공업이 발달했죠. 많은 산업시설과 인구가 집중되면서 위성도시들이 생겨났고요.

물론 짧은 시간에 급속히 발전하면서 부정적인 문제도 생겼어요. 대기오염이 심해지고 산성비 문제도 크게 대두되었죠. 그럼에도 중국의 경제 중심 도시이자 세계 최대 상업도시인 상하이에 첨단산업시설이 집적하면서 이제는 상하이 자유무역지대로 도약하고 있답니다.

이렇게 유람선 위에서 시원한 밤바람을 쐬며 상하이의 스카이라인도 감상하고, 근대화시대의 모습과 현대화된 지금의 모습을 동시에 느낄 수 있다니, 정말 상하이는 매력이 넘치는 곳이 아닐 수 없어요.

상하이 여행의 마지막 코스로 빼먹을 수 없는 것이 상하이 서커스 관람이에요. 상하이에는 무려 여섯 개의 서커스 공연이 있거든요. 그런데도 항상 인파들로 북적인답니다. 중화인민공화국이 건설된 후 대중의 관심을 끌기 위해 서커스를 유행시켰다고 해요. 여기저기 흩어져 있던 곡예단을 모아 스토리를 만들고 다양한 무대장치와 안무를 결합시켜 지금의 서커스를 만들게 된 거죠. 가서 보면 정말 기인열전이 따로 없답니다.

서커스의 백미는 오토바이 묘기예요. 원형 철망 안에 여러 대의 오토

상하이 서커스

바이가 들어가 일정한 간격을 유지하며 돌아가는 모습이 정말 멋지거든요. 하지만 몇 년 전에 큰 사고가 있었다고 해요. 그래서 그 이후엔 오토바이 수를 다소 줄였다고 하더군요.

즐겁게 공연을 관람했다면, 이제 중국 여행을 마치고 다음 행선지로 떠나볼까요? 동아시아를 거쳤으니 동남아시아 쪽으로 방향을 잡아보면 좋겠죠?

中, 사드 배치 그리고 남중국해 갈등의 중심

앵커 2016년 7월 한반도 사드(THAAD·고고도미사일방어체계) 배치 결정 이후, 중국이 우리나라 기업에 대한 보복 조치를 취하고 있습니다. 중국 베이징에 나가 있는 기자를 연결해보겠습니다.

기자 네, 저는 지금 중국 베이징에 나와 있습니다. 2016년 7월 한반도 사드 배치 결정 이후 우리나라 기업에 대한 중국의 경제적 보복이 노골적으로 이루어지고 있습니다. 중국 내 한류 금지령, 전세기 운항 불허, 한국 화장품 수입 축소 등의 조치를 취했습니다. 이렇게 중국 측이 한반도 사드 배치와 관련해 경제적 보복 입장을 공식화하면서 파문이 커질 전망입니다.

앵커 중국이 한반도 사드를 반대하는 이유는 무엇인가요?

기자 가장 큰 이유는 사드 레이더가 중국 동북부의 미사일 기지를 감시할 것이라는 점입니다. 즉 한반도 사드 배치는 중국의 안보를 침해한다는 이유입니다.

앵커 사드 배치 결정 이후 불편했던 한-중 관계는 미국 도널드 트럼프 행정부 출범과 함께 혼돈에 빠져들고 있습니다. 트럼프 미국 대통령 취임 이후 남중국해 분쟁을 둘러싼 미-중 양국간 갈등이 한층 더 고조되고 있다지요?

기자 네. 존 스파이서 미 백악관 대변인은 첫 공식 브리핑에서 '국제 이익 보호'를 이유로 중국의 남중국해 진출을 저지하겠다는 입장을 밝혔습니다. 남중국해는 말 그대로 중국의 남쪽에 위치한 바다로 중국, 대만, 베트남, 필리핀, 말레이시아 및 브루나이 등의 국가에 둘러싸인 해역을 말하는

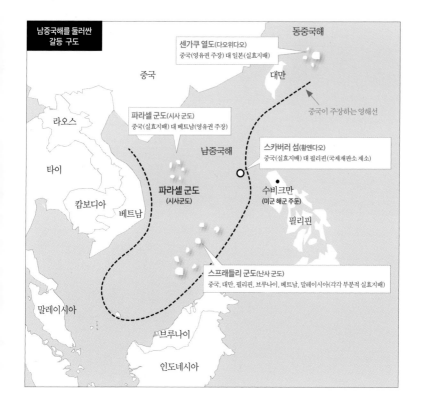

남중국해를 둘러싼
갈등 구도

동중국해

센가쿠 열도(다오위다오)
중국(영유권 주장) 대 일본(실효지배)

중국

대만

파라셀 군도(시사 군도)
중국(실효지배) 대 베트남(영유권 주장)

라오스

중국이 주장하는 영해선

남중국해

스카버러 섬(황옌다오)
중국(실효지배) 대 필리핀(국제재판소 제소)

타이

파라셀 군도
(시사군도)

수비크만
(미군 해군 주둔)

캄보디아

베트남

필리핀

스프래틀리 군도(난사 군도)
중국, 대만, 필리핀, 브루나이, 베트남, 말레이시아(각각 부분적 실효지배)

말레이시아

브루나이

인도네시아

데요, 교통·군사상의 요지인 데다 부근에 풍부한 해저유전, 천연가스 자원이 매장되어 있는 것으로 알려져 인접국들이 영유권 다툼을 벌이고 있습니다.

미국은 중국이 남중국해 일대에 조성한 인공 섬들에 접근하는 것을 불허하겠다고 밝혔으며 중국 측은 당연히 반발하고 있습니다. 화춘잉 중국 외교부 대변인은 "미국은 남중국해 분쟁 당사국이 아니"라며 남중국해 일대에 대한 자국의 주권 보유를 거듭 주장했습니다.

네덜란드 헤이그 상설중재재판소는 2016년 7월 중국과 필리핀의 남중국해 영유권 갈등에 대해 "중국의 남중국해 관할권을 인정할 수 없다"는 중재 판결을 내렸으나 중국은 이를 "수용할 수 없다"는 입장을 밝혔습니다. 이런 가운데 2017년 2월 미국 항공모함 칼빈슨호 전단이 남중국해에서 정기 정찰 임무를 시작하면서 중국과의 군사적 긴장이 재차 고조되고 있습니다. 🌐

—2017년 2월 28일

베트남, 캄보디아

호치민 묘소
하롱베이
띠똡 섬

중국

미얀마

하노이

라오스

인도차이나반도

태국

메콩 강

시엠레아프
캄보디아

베트남

톤레사프 호수

앙코르와트
앙코르톰

같으면서도 다른 두 나라, 베트남과 캄보디아

📍 화폐를 보면 그 나라의 특징을 알 수 있는 경우가 많아요. 나라를 대표하는 사물이나 상징하는 인물 등이 화폐에 담기기 때문이죠. 우리가 이번에 둘러보려 하는 베트남과 캄보디아도 마찬가지예요. 베트남의 지폐에는 호치민이 그려져 있고, 캄보디아의 지폐에는 앙코르와트 사원이 그려져 있죠. 호치민은 베트남 사람들이 '호 아저씨'라고 부를 만큼 애정을 가진 국민영웅이에요. 모든 화폐의 앞면에 호치민이 그려져 있죠. 베트남 화폐의 단위는 동입니다. 베트남 식민지 이전에 사용했던 청동 동전에서 유래되었다고 해요. 베트남은 화폐개혁을 하지 않았기 때문에 돈의 단위가 매우 커요. 10만 동은 우리나라 돈으로 5,000원 정도죠.

캄보디아 하면 가장 먼저 떠오르는 게 앙코르와트 사원이 아닐까 싶어요. 물론, 캄보디아 화폐 리엘에도 앙코르 유적이 그려져 있죠. 여행을 가면 그 나라 화폐를 잘 들여다보세요. 그럼 그 나라의 특징이나 관점 등을 유추할 수 있는 힌트가 많답니다.

자, 그럼 호치민과 앙코르와트 사원을 만나러 인도차이나 반도로 가볼까요.

천혜의 절경, 베트남의 하롱베이

베트남은 인도차이나 반도에 있어요. 인도차이나 반도는 문자 그대로 인도와 차이나(중국) 사이에 있는 반도죠. 이 반도에 미얀마, 라오스, 캄보디아, 베트남, 태국이 있어요. 베트남 역시 인도의 동쪽, 중국의 남쪽에 위치한 나라예요. 인도와 중국이라는 두 강대국의 영향을 받지 않을 수 없었겠지요. 실제로 베트남의 북부는 중국, 남부는 인도의 영향을 많이 받았답니다. 그래서 북부와 남부가 문화도 다르고 느낌도 많이 달라요. 우리가 이번 여행에서 가볼 곳은 북부 베트남이랍니다.

우리가 여행할 도시는 '하노이(Hanoi)'입니다. 베트남의 도로를 보면 오토바이가 엄청나게 많죠. 마치 오토바이 경주를 하려고 출발선에 서 있는 것 같아요. 오토바이는 베트남에서 가장 대중적인 교통수단이랍니다. 오토바이 택시를 '세옴'이라고 해요. 오토바이를 의미하는 세(Xe)

베트남의 주요 이동수단인 오토바이　　논을 쓰고 다니는 베트남인

와 '껴안다'라는 의미의 옴(Ôm)이라는 말이 합쳐져 만들어진 용어죠. 오토바이 기사를 뒤에서 꼭 끌어안고 탑승해야 하기 때문에 생긴 말이랍니다. 자전거도 많고요. 삿갓 같은 모자를 쓴 사람들도 많이 볼 수 있죠. '논(Non)'이라고 하는 전통모자예요. 햇빛을 가리기도 좋고, 비 오는 날 일하기도 편리하게끔 만들어졌어요. 오토바이가 많은 만큼 매연도 만만치가 않답니다. 베트남을 여행할 때는 마스크를 챙겨가거나, 현지에서 많이 파는 다양한 마스크를 사서 착용하고 다니는 것도 좋아요.

　하롱베이로 가는 길에 호치민 묘소가 있어요. 호치민은 베트남의 독립과 통일을 이끌어낸 인물이죠. 바딘 광장은 호치민이 독립선언서를 읽은 곳이랍니다. 호치민 묘소는 하노이에서 가장 인기가 많은 장소 중 하나인데, 외국인보다 호 아저씨를 보려는 현지인들의 발길이 끊이질 않는다고 해요. 베트남 사람들이 호치민을 저렇게 친근하게 부르는 것만 봐도, 베트남에서 어느 정도의 위상에 있는 인물인지 쉽게 알 수 있죠.

　광장에 있는 깃발은 베트남의 국기인 금성홍기예요. 적색은 혁명의 피를, 황색의 별은 민족의 단결을 의미한다고 해요. 호치민박물관도 바로 옆에 있어요. 지금은 국빈 접대용으로 사용되는 공간이라고 합니다. 바로 옆에 호치민의 집무실이 있어요. 생전에는 화려한 이곳이 싫어서 조그마한 집을 지어놓고 살았다고 해요. 이러한 소박함이 국민들의 사랑을 받는 이유인 것 같아요.

기념품 가게에 가봐도 온통 호치민 일색입니다. 아오자이를 입은 인형도 많지만요. 아오자이는 여고생들이 교복으로도 입는 베트남의 공식 의상입니다. 베트남을 여행하다 보면 아오자이를 입고 자전거를 타고 가는 모습을 많이 볼 수 있을 거예요.

조금 특이한 모양의 건물들도 많이 볼 수 있어요. 폭이 좀 좁게 만들어진 것 같죠? 대부분 도로변으로 좁은 면적만 접하게 하고 뒤쪽으로 길고 높게 지은 건물들이에요. 건축을 허가할 때 도로에 접하는 폭을 정부에서 정해주고 도로에 접한 면적만큼 세금을 내기 때문에, 이렇게 성냥갑을 쌓아놓은 것 같은 구조가 생긴 거죠. 지금은 그 법이 해제되어서

기념품 가게의 호치민 상품들

호치민박물관

많진 않은데, 그래도 여전히 베트남 곳곳에서 볼 수 있답니다.

베트남 특유의 건물 구조

하롱베이(Ha Long Bay)는 영화〈인도차이나〉의 배경이 되었던 곳입니다. 세계 자연유산이면서 세계 7대 자연경관에도 속하는 아름다운 곳이랍니다. 3천 개의 작은 섬이 떠 있어요. 하롱은 한자 하롱 (下龍)의 베트남 발음이에요. 그 옛날 외적의 침략 때문에 고민해오던 이 땅에 용의 아들이 내려와 적을 물리쳤다는 전설에서 유래했다고 해요.

유람선을 타고 들어가며 볼 수 있는 하롱베이의 풍광은 실로 장관입니다. 석회암이 풍화, 침식하면서 만들어진 산지들이 해수면의 상승으로 물에 잠겨 생긴 지형이죠. 이것을 '카르스트 지형'이라고 한답니다.

📍
카르스트 지형

석회암이 빗물이나 지하수의 용식작용으로 형성된 지형을 카르스트 지형이라고 해요. 카르스트 지형은 지하수의 순환이 활발하고 강수량이 풍부한 곳에 잘 나타나죠. 주요 지형으로는 석회암의 용식이나 지반의 함몰로 형성된 원형 또는 타원형의 와지인 돌리네, 두 개 이상의 돌리네가 결합하여 형성된 우발라, 단층이나 습곡 등 지질 구조선이나 골짜기를 따라 용식된 폴리예, 석회암의 용식으로 형성된 지하의 석회동굴 등이 있답니다. 중국의 구이린, 터키의 파묵칼레에서도 카르스트 지형을 찾아볼 수 있습니다.

하롱베이의 풍경들

보이는 암석들이 모두 석회암이에요. 석회암은 바닷속에서 쌓여 만들어진 거랍니다. 그러니 이곳이 과거에는 모두 바닷속이었다는 말이죠. 특히 하롱베이의 섬과 바위들은 거의 수직에 가까운 모습을 하고 있는데, 이런 지형을 '탑카르스트'라고 해요. 20만 동짜리 화폐에도 하롱베이가 나와 있답니다.

띠똡(Ti Top) 섬은 호치민과 친분이 있었던 구소련 우주비행사의 이름을 딴 곳이라고 해요. 크지 않지만 참 예쁜 섬이죠. 전망대에 올라가면 하롱베이가 한눈에 들어온답니다. 카르스트 지형에서 빠질 수 없는 석회동굴도 볼 수 있죠. 조명을 잘해놓아 참 예쁘답니다.

어느덧 배가 고파졌어요. 베트남에 왔으니 쌀국수는 먹어봐야겠죠? 그런데 베트남 음식을 먹으러 가면 이름이 참 비슷한 듯 다르고, 다른 듯 비슷해서 구분하기가 어려워요. 하지만 몇 가지 단어만 알아두면 아무 문제 없답니다. 대표적인 단어를 꼽자면, 쌀은 껌(Com), 쌀가루로 만든 납작하고 가는 면은 퍼(Pho), 쌀가루로 만든 둥글고 가는 면은 분(Bun), 밀가루로 만든 가는 면은 미(Mi)라고 해요. 베트남 음식 이름은 음식 종류, 조리법, 음식 재료를 열거해요. 그러니 퍼(국수)＋보(쇠고기)는 쇠고기 쌀국수인 거죠. 껌가(Com Ga)는 닭고기를 얹은 쌀밥이고요. 베트남의 대부분 요리에는 향

껌가

채(라우텀, Rau Thom)가 들어가요. 향채가 싫은 사람은 미리 빼달라고 요청하면 되니까 걱정은 접어두세요.

알아두면 좋은 음식 관련 단어는 아래 표와 같아요.

볶음	싸오(Xao) 또는 찌엔(Chien)	닭고기	가(Gà)
굽다	느엉(Nuong)	쇠고기	보(Bò)
끓이다	너우(Nau)	돼지고기	헤오(Heo)
삶다	루옥(Louc)	새우	똠(Tôm)
말다	꾸온(Cuon)	조개	옥(Ơ'c)
튀기다	잔(Ran)	야채	저우(Rau)
생선	까(Ca)	고기	팃(Thit)

신들의 도시, 캄보디아의 앙코르 유적을 찾아가다

캄보디아를 대표하는 명소, 앙코르와트 사원입니다. 앙코르 유적 가운데 가장 규모가 큰 사원이죠. 서기 800년대부터 1400년대까지가 동남아시아 최대 왕국이었던 크메르왕국 시대였어요. 그중 수리야바르만 2세 때 지어진 사원이 바로 이곳이죠.

앙코르와트는 비슈누 신에게 헌정된 힌두교 사원이에요. 비슈누 신은 힌두교 유지의 신이랍니다. 브라흐마(창조의 신), 시바(파괴의 신)와 함께 힌두교 삼주신(트리무르티) 중 하나죠.

앙코르와트의 입구는 서쪽인데, 서쪽 방향을 관장하는 비슈누 신에

앙코르와트 사원

게 헌정된 사원이기 때문이라는 설이 있고요, 또 앙코르에서 서쪽은 죽음의 방향이므로 앙코르와트가 수리야바르만 2세의 무덤이었을 거라는 설도 있어요.

앙코르와트를 둘러싸고 있는 물이 있는 곳이 해자인데, 이 해자가 바로 인간 세계와 신의 세계를 구분하는 경계라고 해요. 해자는 원래 적에 대한 방어용으로 쓰였지만, 앙코르와트 사원이 가라앉지 않도록 건물을 지탱해주는 기능도 했다고 합니다. 원래 건기 때 물이 빠지면 지하에 빈 공간이 생겨 건물이 가라앉는데 해자의 물이 건물 지하의 물을 못 빠져나가게 해주었다고 해요.

진입로는 하늘과 땅을 연결해주는 의미라고 합니다. 진입로 끝에 있는 것이 '나가 상'이랍니다. 나가는 힌두교에서 대지와 물에 저장되어 있는 에너지를 지키는 수호신이에요. 그래서 나가 난간은 인간 세계와 신

나가 상

의 세계를 이어주는 무지개로 상징된다고 해요.

참배로를 따라 올라가면 앙코르와트의 베스트 포토 장소가 나와요.
앙코르와트 사원 지도를 보고 있다면, 왼쪽 연못이에요. 진입로에서는
탑이 세 개만 보이지만, 이곳에 오면 다섯 개 탑이 모두 보여요. 연못이
잔잔할 때는 연못에 비친 탑까지 열 개의 탑이 보여 앙코르와트 사진을
찍는 데는 최적화된 장소라고 하네요.

앙코르와트에는 그 당시 사람들의 우주관이 그대로 담겨 있답니다.
사원의 꼭대기 한가운데 솟아 있는 중앙 탑은 우주의 중심인 메루 산을
상징하고, 주변의 네 탑과 함께 메루 산에 있는 다섯 개의 큰 봉우리를
의미한다고 해요. 사원의 외벽은 세상 끝을 둘러싼 산맥을 뜻하고, 사원

앙코르와트 사원의 회랑

을 감싸고 있는 해자는 우주의 바다를 상징하죠. 1층은 미물계, 2층은 인간계, 3층은 천상계를 상징하고요.

앙코르와트의 백미는 회랑이에요. 벽에는 한 방향마다 두 가지 주제가 조각되어 있죠. 수리야바르만 2세가 분열된 크메르왕국을 통일시킨 역사적 사실을 기록한 곳도 있어요. 충성 서약을 받고 있는 수리야바르만 2세의 조각도 있고요. 하나하나 꼼꼼히 들여다본다면 시간이 꽤 걸릴 거예요.

천상과 지옥을 묘사한 것도 있어요. 3단으로 구성되어 있는데, 맨 아래는 지옥, 위의 2단은 천상으로 가는 영혼들을 그린 것이라고 해요. 지옥으로 끌려가는 영혼들은 소처럼 끌려가는 것 같아요. 천상으로 가는 영혼은 어떻게 가냐고요? 귀족들은 자신들이 살아생전에 타고 다니던 가마나 말을 타고 가고 평민들은 걸어간답니다. 천상으로 가는 길에도 불평등이 존재하는 거죠.

가장 유명한 것은 '우유의 바다 휘젓기'라는 부조예요. 원숭이 왕 수그리바가 박자를 맞추는 모습이 보이죠. 밧줄을 끌고 있는 천사 사이에 모양이 아주 다른 하나가 악마인데요. 장생불사의 영약 암리타를 마시려는 신들 사이에 몰래 끼어든 거예요. 결국 들켜서 죽지만요. 상단에서 춤추는 귀여운 사람이 바로 압사라예요. 우유의 바다 휘젓기에서 탄생한 압사라는 천상의 여인이라고 불리죠. 앙코르와트 여기저기에 많이 부조되어 있는데, 가만히 보면 모두 모양이 다르니까 유심히 살펴보세요.

우유의 바다 휘젓기

천상의 여인 압사라

📍
우유의 바다 휘젓기

악마들과 끊임없는 전쟁으로 지친 신들이 이 문제를 해결하기 위해 비슈누에게
도움을 요청하게 되었답니다. 비슈누는 악마들과의 전쟁을 잠시 중단시키면서도
신들의 힘도 회복할 수 있는 묘안으로 우유의 바다에 강력한 약초를 넣어 장생불
사의 영약 암리타를 만들 계획을 세우죠. 우유의 바다 휘젓기를 위해 뱀 왕 바수키
를 밧줄로, 산 중의 왕 만다라 산을 회전축으로 삼아요. 비슈누는 거북이 왕 쿠르마

로 변신해 바다 밑에서 만다라 산을 떠받치고 바수키가 긴 몸통으로 만다라 산을 휘감았어요. 머리 쪽은 92명의 천사들이 잡고 꼬리 쪽은 88명의 신들이 잡아 천 년 동안 우유의 바다를 휘저어요. 이 과정에서 아름다운 천상의 무희 압사라가 탄 생하게 되지요. 마침내 암리타가 탄생하고 암리타를 마신 신들은 힘을 회복하게 되어 다시 악마들과 전쟁을 벌이게 된답니다.

그 외에도 회랑 벽에는 쿠룩세트라의 전투, 악마와 싸워 승리한 비슈 누, 악마 바나에게 승리한 크리슈나, 신과 악마의 전쟁, 랑카의 전투 등 다양한 주제가 부조되어 있답니다.

2층으로 올라가볼까요. 2층은 왕과 승려들의 명상 공간이에요. 2층 에 올라가면 1층 회랑들이 잘 보인답니다. 3층은 원래 왕과 고위층의 승 려들만 올라갈 수 있는 신성한 공간이었어요. 지금도 반바지를 입거나 모자를 쓰고는 올라갈 수 없어요. 원래는 왕의 계단을 통해 올라가야 하 는데, 붕괴 위험이 있어서 다른 계단을 이용한다고 하네요. 3층에 오르 면 전경도 감상할 수 있으니 앙코르와트의 매력을 만끽하는 데 더없이 좋겠죠?

이제 툭툭이를 타고 '앙코르톰'으로 가보 죠. 앙코르톰은 '커다란 도시'란 뜻으로 왕 의 거처가 포함된 앙코르 제국의 마지막 수 도였던 곳이에요. 4대문에 둘러싸인 모습이 꼭 조선시대 한양 같은 느낌이 들어요. 다른

툭툭이

유적들이 대부분 개별 사원인 데 반해 앙코르톰은 성곽 안에 여러 유적이 모여 단지를 형성하고 있답니다. 앙코르톰을 둘러싼 성곽은 우주를 둘러싼 벽, 해자는 우주의 바다를 상징한다고 합니다.

힌두사원인 앙코르와트와 달리 앙코르톰에는 앙코르 유적 중 유일한 불교 건축물이 있어요. 앙코르톰 중앙에 부처의 얼굴을 형상화한 사면상이 그 사실을 잘 보여주고 있죠. 남문의 다리에도 우유의 바다 휘젓기 석상이 있어요. 이 다리를 건너면 인간 세계의 존재에서 천상의 존재로 변화하는 거지요.

앙코르톰 정중앙에 위치한 것은 '바이욘 사원'이에요. 앙크로와트보다는 100년 정도 뒤에 지어졌어요. 석상의 미소를 보세요. '크메르인의 미소'라고 불린다고 하죠? 정말 엄청난 조각 예술입니다. 조각상의 주인공은 바이욘 사원을 건설한 자야바르만 7세라고 해요. 관음보살로 현

바이욘 사원

크메르인의 미소

신했다고 하죠. '세상의 모든 곳을 두루 살핀다'는 관음보살의 이미지를 4면에 조각해두었는데, 자야바르만 7세가 사후에도 크메르왕국을 지켜준다는 의미를 가지고 있다고 해요. 캄보디아는 국민 대다수가 불교를 믿어요. 한때는 의무적으로 출가를 했었다고 하고요. 지금도 승려들은 캄보디아 사회에서 존경받는 계층이랍니다.

이제 '바푸온 사원'으로 가볼까요. 바푸온은 앙코르톰이 세워지기 200년 전부터 왕궁 옆에 있던 국가 사원이었대요. 그런 곳에 앙코르톰이 세워지면서 바이욘 사원에 그 자리를 넘겨준 거죠. 여기도 힌두의 신인 시바에게 헌정된 힌두교 사원이에요.

한쪽에 아직 제자리를 찾지 못한 돌들이 보일 거예요. 대부분 파괴되

바푸온 사원

중앙 성소

피미아나카스 사원

었던 것을 40년 넘게 복원 중이라고 해요. 아직도 20년은 더 걸릴 거라는군요. 2011년부터 관광객에게 공개하기 시작했대요. 안타깝게도 중앙 성소는 올라갈 수가 없습니다. 천상으로 가는 길이라고 하는데, 아쉽죠. 벽들이 쌓인 걸 보세요. 정말 아름답지 않나요?

왕궁의 정중앙에 있는 건 '피미아나카스 사원'이에요. 천상의 궁전이라 불리죠. 하늘의 신 인드라의 아름다운 궁전을 지상에 건설했다고 해서 붙여진 거래요. 여긴 재미있는 전설이 있어요. 이 사원의 탑에는 뱀의 정령이 살고 있었는데, 이 정령은 밤마다 아름다운 여인으로 변신을 한대요. 왕은 이 여인과 먼저 동침을 한 후에 왕비나 후궁의 처소로 갈 수 있었다고 해요. 이렇게 하지 않으면 왕이 즉사한다는 전설이 있었거든요. 탑까지 오르기가 만만치 않은데 밤마다 왕이 올라가려면 힘들었을 것 같죠? 그래서 왕의 체력 테스트 장소였다고도 해요. 이 정도는 올

코끼리 테라스   라테라이트

라갈 수 있어야 왕을 할 자격이 있다는 거죠.

바이욘 사원에서 북문으로 나가는 길목에 코끼리 테라스가 있어요. 테라스 아래에 코끼리 모양의 부조들이 있어서 붙여진 이름이지요. 이곳은 자야바르만 7세가 열병식을 하거나 왕실의 대규모 행사 장소로 이용되었던 곳이라고 합니다.

여긴 라테라이트가 정말 많아요. 라테라이트는 주로 열대지방에 많은 붉은색의 토양인데, 공기 중에 노출되면 돌보다 단단하게 굳는 특성 때문에 건축 재료로 많이 사용되었어요. 그런데 마르면서 거친 구멍이 많이 생겨서 장식용 재료로는 쓰이지 못하죠. 대신 사암은 입자가 고와서 세밀한 조각을 하기에 좋아요. 그래서 주로 성벽에는 라테라이트가, 부조와 같은 조각을 한 곳에는 사암이 많은 거랍니다.

이제 '타프롬(Ta Prohm)'으로 가볼까요? 타프롬은 자야바르만 7세가

타프롬

어머니에게 헌정한 불교사원이에요. 엄청나게 큰 나무가 많은데, 스펑나무예요. 이곳은 폐허의 미학을 볼 수 있는 곳이랍니다. 나무들이 벽과 지붕에 마구 뿌리를 내리거나 휘감고 있죠. 앙코르 유적을 발굴하던 프랑스 극동학원은 자연에 의해 폐허가 된 사원을 그대로 보존하기로 결정했다고 해요.

나무 무게 때문에 곧 무너져내릴 것 같아 보이지만, 나무들을 베어내면 유적이 오히려 파괴된다고 해요. 대신 나무가 더 이상 자라지 못하도록 성장 억제제를 투여한다고 합니다. 다행인 건 스펑나무는 속이 비어 있어서 크기에 비해 무게는 그리 나가지 않는다는 점이죠.

스펑나무

통곡의 방

통곡의 방도 볼 만해요. 자야바르만 7세가 돌아가신 어머니가 보고 싶을 때마다 이 방에 들어와서 가슴을 치며 통곡을 했다고 해서 붙여진 이름이에요. 벽에 등을 가까이 대고 주먹으로 가슴을 쿵쿵 치면 소리가 울린다고 하는데, 한이 많은 사람일수록 소리도 크게 난다고 하네요.

어쩌면 이 사원이 어디선가 본 것 같은 느낌이 들지도 몰라요. 이곳 타프롬과 앙코르 유적 일대가 영화 〈툼 레이더〉의 배경이었거든요. 주인공이었던 안젤리나 졸리가 함께 서 있었다고 해서 졸리나무라는 별명이 붙은 나무도 있답니다.

타프롬을 가만히 보고 있자면, 정말 자연의 위력에 대한 공포감이 느껴지기도 해요. 또 앙코르 유적이 밀림에 덮여 오랜 세월 사람들 눈에 띄지 않은 이유도 충분히 알 것 같고요. 정말 많은 유적들이 있는데 일부분밖에 보고 가지 못해서 아쉽네요.

다음 행선지는 '톤레사프 호수'입니다. 톤레사프 호수에 갈 때는 보통 앙코르 유적의 중심지인 시엠레아프에서 가까운 총크니에 선착장에서 시작하곤 하거든요. 하지만 우리는 좀 색다르게 캄퐁플럭으로 가보려고 해요. 캄퐁플럭의 입구에 안내문이 있어요. 우선 비포장도로를 따라 선착장으로 가서 배를 타고 물길을 따라가는 거죠. 그래서 걷기에는 관광하기가 쉽지 않다고 해요.

캄퐁플럭의 수상보트

수상가옥

맹그로브 숲

배를 타고 가다 보면 수상가옥들이 보여요. 상당히 높게 지어져 있는데, 우기에는 거의 집 높이까지 물이 찬다고 해요. 주요 교통수단은 배가 될 수밖에 없죠. 나무가 썩으면 어떡하지, 하는 걱정도 되지만 거의 50년은 족히 버틴다고 합니다.

목적지가 보이면 쪽배로 갈아타고 맹그로브 숲으로 떠나요. 그런데 노를 젓는 아이들이 어려 보이네요. 아마 열두세 살쯤 됐을까요? 캄보디아의 아이들이 학교에 못 가고 이렇게 삶의 현장에서 힘겹게 일하는 모습을 보고 있으면 마음이 아프기도 합니다.

맹그로브 숲 사이를 조용히 배를 타고 가는 느낌은 참 고즈넉해요. 나무 사이로 비치는 햇살, 새소리, 숲의 향기 등 깊은 숲 속에 들어와 있는 느낌이 확연히 나죠. 이렇게 계속 나아가다 보면 어느새 톤레사프 호수로 이어진답니다.

톤레사프는 동남아시아에서 가장 큰 호수예요. 우기가 되어 메콩 강의 수위가 높아지면 호수의 수위도 높아져서 두 배 가까이 커진대요. 메콩 강은 중국에서 발원하여 캄보디아를 지나 베트남 남부까지 흐르기

캄보디아 전통가옥   베트남 전통가옥

때문에, 베트남 남부에도 캄퐁플럭과 비슷한 메콩 강 투어가 있다고 합니다.

말이 나온 김에, 캄보디아와 베트남의 공통점에 대해서 한번 얘기해 볼까요. 우선 닮은 점은 두 나라의 전통가옥 구조가 비슷하다는 점이에요. 둘 다 고상식 가옥이죠. 땅에서 올라오는 지열과 해충을 피하기 위해 기둥을 세워 높게 지은 가옥 말이에요. 비가 많이 와서 그런지 두 곳 모두 지붕의 경사를 급하게 만든 점도 닮았고요. 햇빛도 가리고 비가 들어오는 것도 막기 위한 거랍니다.

기후가 비슷하니 두 나라의 과일도 유사해요. 마늘처럼 생긴 망고스틴이나 검은깨처럼 씨가 박혀 있는 용과도 두 나라에서 모두 맛볼 수 있죠. 우리는 보통 노란 망고를 먹지만, 이곳 사람들은 안 익은 초록 망고를 소금에 찍어 먹는다고 해요. 엄청 신맛이 나는데, 소금을 찍어 먹으면 신맛이 덜해지죠. 파인애플 밥도 자주 해먹는다고 하고요.

두 나라의 또 다른 공통점은 벼농사를 많이 짓는다는 거예요. 쌀 수출도 많이 하고요. 농경문화라는 건 두 나라의 공연에서도 공통으로 만날 수 있어요. 캄보디아의 압살라 공연 중에도 농경 관련 공연이 있고, 베트남의 수상인형극도 베트남의 농경 생활을 표현하고 있지요.

자전거 앞에 사람이 탈 수 있는 좌석이 마련된 베트남의 인력거 시클로와, 캄보디아의 오토바이 뒤에 좌석이 있는 툭툭이도 많이 닮았고, 양국 모두 프랑스 식민지 역사를 경험해서인지 바게트 빵도 참 많이 먹는답니다. 지정학적 위치가 비슷하고 역사적 과정도 겹치는 부분이 있어, 다르면서도 비슷한 점이 참 많은 것 같아요.

자, 다시 현장으로 돌아와 캄보디아 여행의 마지막 밤을 즐겨야겠죠. 여행자 거리는 밤이 되면 사람들로 붐벼요. '레드 피아노(Red Piano)'는 〈툼 레이더〉의 제작진이 자주 왔다고 해서 유명해진 곳이래요. 시원하게 맥주나 음료를 마시며 여행을 마무리하는 것도 좋겠죠.

베트남과 캄보디아의 과일

여행자 거리의 '레드 피아노'

싱가포르

말레이시아

싱가포르 동물원

차이나타운

아랍 스트리트
리틀 인디아

싱가포르 해협

마리나 만

마리나베이 샌즈 리조트

센토사 섬

머라이언 파크

싱가포르 항

리조트월드 센토사

다양한 문화 속 질서와 풍요의 나라, 싱가포르

혹시 '싱글리시'라는 말을 들어보셨나요? 한국식 영어를 흔히 콩글리시라고 하듯이, 싱가포르에서 사용하는 영어를 싱글리시라고 해요. 싱가포르는 여러 인종이 섞여 사는 나라인 만큼 영어를 공용어로 정하고 있답니다. 그런데 인구 중에 중국인과 말레이인들이 많다 보니 중국어 방언인 호키엔어와 말레이어의 영향을 받아 싱가포르만의 독특한 영어를 구사하게 된 거죠. 예를 들면 'Com on lah! Sorry yah!'처럼 끝에 어미를 붙인다거나 문장보다는 하나의 단어로 상황을 표현하는 사례가 많습니다. 싱가포르가 다문화사회라는 것을 확실히 보여주는 사례 중 하나라고 볼 수 있어요. 이처럼 다양한 민족과 고유한 문화들이 조화를 이루면서 질서와 풍요를 창출해 그 결실을 누리고 있는 나라가 바로 싱가포르랍니다. 이제 찬찬히 여행해보기로 할까요.

싱가포르의 독특한 역사

싱가포르의 첫 번째 여행지는 마리나 만에 있는 '머라이언 파크'예요. 싱가포르를 소개할 때면 꼭 등장하기 때문에 가보지 않은 사람들에게도 제법 눈에 익은 머라이언 상이 먼저 보인답니다. 머라이언은 싱가포르의 중요한 상징이에요. 상반신은 사자, 하반신은 물고기 모습을 하고 있죠. 사자 모습의 상반신은 13세기부터 싱가포르의 중요한 상징이 되었다고 해요. 13세기에 수마트라 섬 스리위자야 왕국의 트리부아나 왕자가 표류하다 이곳에 상륙했는데, 낯선 동물을 보고 사자로 오인해 '사자(Singa)의 도시(pura)'라는 의미로 'Singapura'로 명명한 것에서 나라 이름이 유래했다고 해요. 하반신의 물고기 부분은 싱가포르가 고대 어촌 부락이었음을 상징하는 것이고요.

머라이언 상

마리나 만 앞으로 보이는 지역은 거의 매립을 해서 새로 만든 땅이랍니다. 싱가포르는 국토 면적이 작아서 바다를 매립해 땅을 넓혀왔거든요. 국토를 조금이라도 확장해 산업단지 등으로 활용하려고 인근 바다를 꾸준히 매립해온 거죠. 그 결과 1965년 독립 당시 581제곱킬로미터에서 2012년 697제곱킬로미터로 땅이 20퍼센트나 늘어나게 되었답니다. 그래서 옛날에는 해변에 있었던 비치로드(Beach Road)가 이제는 도심의 주요 오피스빌딩 사이를 관통하게 된 거죠.

스탬퍼드 라플스 동상

싱가포르 강변으로 가면 싱가포르 사람이 아닌 것처럼 생긴 동상을 볼 수 있어요. 스탬퍼드 라플스라는 영국 사람인데요, 이 영국인 동상은 왜 세워졌을까요? 현재의 싱가포르 지역은 지배자가 수시로 바뀌는 곳이었어요. 19세기 초에는 말라카 왕국의 일부인 조호르 왕국으로 존재했는데 식민지를 개척하고 다니던 영국의 동인도회사가 이 지역을 개발하면서 1826년부터 영국의 식민지가 되었죠. 라플스는 영국 동인도회사의 직원이었는데 1819년에 조호르 왕국의 술탄에게 매달 2,000달러 이상의 배상금을 지불하기로 약속하고 싱가포르 전역을 영국 동인도회사에 영구적으로 할양하는 조약을 성립시켰던 인물이에요.

싱가포르는 영국의 식민지로 개발이 이루어져왔기 때문에 빅토리아 스트리트, 뉴 브리지 로드 같은 도로 이름이나, 당시 주요 기관들이 모여 있던 도심의 건물들이 영국식인 경우가 많아요. 대표적으로 1862년

빅토리아 메모리얼 홀

경 지어진 빅토리아 메모리얼 홀은 당시 영국 여왕의 이름을 붙인 거랍니다. 1830년대에 처음 지어진 세인트앤드루스 성당도 그렇고, 주변에 많은 예스러운 건물들도 마찬가지죠. 모두 영국 식민지시대에 지어졌던 것이니까요. 비단 건물이나 도로 이름뿐 아니라, 정치제도나 사회문화도 영국의 영향을 많이 받았답니다.

영국이 싱가포르를 탐냈던 이유

싱가포르의 지정학적 입지가 매력적이었기 때문이랍니다. 18세기 중반 영국에서는 차를 마시는 풍습이 정착되면서 중국산 차를 중심으로 중국과의 무역이 급증했죠. 당시 영국과 중국 간 거래는 중국의 차, 인도의 아편, 영국의 면직물이 삼각무역 형태로 이루어지고 있었어요.

그때 인도에서 중국으로 향하는 주요 항로였던 말라카 해협과 수마트라-자바 섬 사이의 순다 해협은 네덜란드의 지배하에 있었는데, 네덜란드는 독점무역정책을 유지하며 항구의 이용을 제한하거나 비싼 사용료를 요구하곤 했어요. 이에 따라 영국은 네덜란드의 간섭 없이 인도 및 중국과 자유로이 교역할 수 있는 거점이 필요했고, 이런 상황에서 영국 동인도회사의 스탬퍼드 라플스가 1819년 조호르 왕국과 영국 동인도회사의 무역사무소 개설에 관한 예비협정을 체결하게 된 거랍니다.

싱가포르 강변에서는 과거 이곳에서 흔히 볼 수 있었던 풍경을 재현한 조형물들을 곳곳에서 볼 수 있어요. 그중 세 사람이 대화하는 모습

싱가포르 강변의 조형물

을 조각한 것이 눈에 띄는데, 영국인과 중국인 그리고 또 다른 한 사람이 함께 조형되어 있답니다. 바로 말레이인입니다. 세 나라 사람이 대화하는 모습이죠. 이곳에서 흔히 볼 수 있었던 풍경을 곳곳에 조형물로 재현해둔 건데, 그중 하나랍니다. 이곳에 중국인과 말레이인이 많이 살았다는 걸 보여주는 거죠. 영국 식민지 시절, 노동력에 대한 수요가 늘자 중국 남부와 인근의 말레이시아나 인도네시아에서 많은 사람들이 싱가포르로 이주를 해왔어요. 그리고 영국이 또 다른 식민지인 인도에서 인도인들을 데려오기도 했고요. 중국인들이 제일 많았고 그다음으로 말레이인들이 많았어요. 그래서 현재도 싱가포르에 중국인이 많은 거죠.

싱가포르는 1957년에 영국으로부터 독립한 후 많은 변화를 겪게 돼요. 우선 중국인의 후손으로 영국에서 유학 생활을 하고 온 리콴유가 총리가 되었어요. 1961년에 말라야 연방의 툰쿠 압둘 라만 총리가 말라야 연방, 싱가포르, 사라왁, 브루나이 및 북 보르네오로 구성된 말레이시아 연방 설립을 제의했는데, 리콴유 정부가 이를 지지하고 1963년에 말레이시아 연방에 편입했죠. 그런데 인종차별 문제로 인해 싱가포르는 말레이시아 연방으로부터 추방 아닌 추방을 당했고, 1965년 8월 9일 다시 독립해 지금의 싱가포르가 되었답니다. 그러니까 싱가포르는 두 번이나 독립을 한 셈이죠.

싱가포르가 말라야 연방에서 분리된 이유—인종 갈등

1964년 싱가포르의 칼랑 가스회사 부근에서 인종분쟁이 발생했습니다. 중국인들과 말레이인들이 서로를 공격해 23명이 죽었고 수백 명이 부상당했죠. 분쟁의 원인에 대해서는 다양한 견해가 있어요. 중국인이 무슬림 행렬에 병을 던졌다는 설도 있고, 말레이인이 분쟁을 시작했다는 설도 있죠. 같은 해 9월에는 더 많은 분쟁이 일어나 차량과 상점이 약탈되기까지 했어요.

툰쿠는 이 위기를 해결할 수 없다고 판단해 싱가포르를 말레이시아 연방에서 쫓아냈죠. "중앙정부에 어떤 존경심도 보이지 않는 싱가포르 주정부와의 모든 관계를 단절하기로 결정했다"고 발표한 거예요. 리콴유는 연방에 계속 머무르려고 애썼지만 결국 실패했고 합병만이 싱가포르가 생존하는 길이라 믿었던 리콴유에게 매우 중대한 위기를 가져왔어요.

1965년 8월 9일, 말레이시아 의회는 말레이시아에서 싱가포르를 하나의 주로 인정하던 관계를 끊는 결의안을 채택했어요. 그리고 이틀 전인 8월 7일 리콴유는 말레이시아와의 분리 이후의 관계를 다룬 분리협정에 서명했어요. 이 협정을 통해 분리 뒤에도 두 나라는 국방과 교역 부문에서 상호 협력하기로 했답니다. 싱가포르는 천연자원과 수자원이 부족해 말레이시아에 자원 공급을 의존하고 있었고 국방 능력이 매우 빈약해 이 부문이 리콴유와 싱가포르 정부의 최우선 과제였기 때문이지요.

싱가포르의 독특한 음식을 하나 먹고 갈까요. 야쿤 카야 토스트 전문점에서요. 싱가포르인들이 아침으로 즐겨 먹는 토스트죠. 중국계 이민자인 야쿤이 1944년 차이나타운에서 직접 만든 카야 잼을 바른 토스트를 만들어 팔기 시작했는데 지금은 싱가포르의 대표 음식이 되었어요. 카야 잼은 코코넛과 달걀에 판단이라는 허브를 넣어 만든 잼이에요. 토스트와 함께 커피와 수란을 먹

야쿤 카야 토스트

는데 수란은 후추와 간장을 넣고 스푼으로 휘휘 저어 마시거나 토스트를 찍어 먹으면 일품입니다. 바삭하고 달콤해 맛이 참 좋거든요. 이 음식은 영국 문화와 중국 문화가 섞여서 만들어진 거라고 봐도 좋을 것 같아요.

다시 싱가포르 이야기를 해볼까요. 싱가포르의 면적은 서울의 약 1.17배에 불과해요. 서울보다 조금 큰 땅이 하나의 국가인 셈이죠. 면적은 세계 250개국 중 192위일 정도로 작지만, 1인당 GDP는 8위(52,917달러, 2013년 기준)로 상당히 높아요. 이 자그마한 나라가 이렇게 잘살게 된 이유가 뭘까요? 여행을 하며 하나하나 답을 찾아본다면 정말 의미 있는 여행이 되겠죠?

싱가포르에서는 주변 바다에 큰 배들이 늘 떠 있는 걸 볼 수 있답니다. 여기를 봐도 배, 저기를 봐도 배죠. 사실은 그 배들이 싱가포르를 먹여 살리고 있다고 해도 과언이 아니랍니다. 동남아의 물류 중심지인 싱가포르는 전 세계의 상품이 집결하여 인근 각지로 재수출되는 '중계무

싱가포르 항 앞바다에서 입항을
기다리는 화물선들

역'이 활발한 나라예요. 싱가포르의 교역액은 GDP의 3.6배나 될 정도로 많은데 이렇게 오고 가는 물동량의 40퍼센트 이상이 중계무역으로 이루어지고 있어요. 재수출 대상 지역은 동남아는 물론 서남아, 중동, 나아가 아프리카까지 포함하고 있죠. 그러니 항구가 바쁘지 않을 수 있겠어요? 싱가포르 항 앞바다에는 언제나 1천 척이 넘는 선박이 입항을 기다고 있답니다.

중계무역(中繼貿易)이란 수출을 목적으로 물품을 수입해, 가공하지 않고 원형 그대로 수출함으로써 수출입 대금의 차익을 취하는 무역 형태예요. 싱가포르에서 유난히 중계무역이 활발한 이유가 있어요. 지도를 놓고 싱가포르의 위치를 살펴보면 말라카 해협에 위치하여 동·서양 및 아시아, 중동, 아프리카를 관통하고 남아시아와 대양주를 연결하는 지리적 요충지라는 사실을 바로 알 수 있죠. 이러한 지리적 이점에 지진, 태풍 등 자연재해가 없는 기후 여건까지 더해져 교통과 물류의 중심지로서의 기반이 잡힌 거예요.

싱가포르는 이러한 이점을 살리기 위해 항만, 공항 등 우수한 인프라를 구축하고 해상, 항공, 육상 분야를 유기적으로 통합하는 시스템을 갖추기 위해 노력했어요. 그 결과 세계 유수의 다국적 기업이 제품 및 주요 자재 공급 기지를 싱가포르에 두게 되었답니다. DHL, UPS 등 전문 물류 업체들이 싱가포르를 동남아 또는 아시아태평양 기지로 활용하고 있어요. 공업이 발달해야만 경제 규모가 커지는 게 아니라는 걸 보여준 거죠. 중계무역과 편리한 물류시스템으로도 경제 규모가 커질 수 있다는 걸 싱가포르가 입증하고 있다고 할까요.

싱가포르항

싱가포르 항의 경우, 이 항구의 항만 운영 능력은 세계적인 수준으로 2분마다 한 척의 선박이 입항하고 있다고 해요. 하루에 보통 컨테이너선 60척을 소화해내는데, 이들 물량 가운데 85퍼센트 정도가 환적 화물이죠. 컨테이너 물동량 실적으로는 세계 2위를 차지하고 있답니다.

그렇다고 싱가포르가 중계무역으로만 돈을 버는 건 아니랍니다. 사실은 제조업도 싱가포르 경제에서 큰 비중을 차지하고 있어요. GDP의 22퍼센트 정도에 해당하죠. 싱가포르의 3대 제조업은 석유화학, 전자, 바이오메디컬 산업이에요. 이 분야에서 세계적인 다국적 기업들을 집중 유치해서 산업별로 클러스터를 만들었어요. 외국 기업들이 이곳에 공장을 세우는 거죠. 국토가 협소하고 천연자원도 없는 싱가포르가 선택한 길은 개방과 자유경쟁이었어요. 정부 주도로 외국인 투자 유치를 위해 지속적으로 투자환경을 개선하고 인센티브를 제공했죠. 그 결과

싱가포르 도심의 모습

현재 약 9천여 개 이상의 다국적 기업이 싱가포르에 등록되어 있고 이 중 4천여 개 기업이 지역 본부를 싱가포르에서 운영할 정도랍니다. 세계 은행(World Bank)은 싱가포르를 5년 연속 '비즈니스 하기 좋은 나라 1위' 로 꼽고 있으니, 한편 부럽기도 하네요.

싱가포르 경제를 이끄는 또 다른 축은 국영 기업이에요. 정부투자회 사인 테마섹 홀딩스(Temasek Holdings)가 주요 기간산업(항만 : PSA, 통신 : SingTel, 항공 : 싱가포르항공, 금융 : DBS, 방송 : MediaCorp)의 최대 주주거든요. 이 기업들의 자회사들인 정부 연관 기업만도 1천여 개 이상이에요. 순 수 민간 기업의 역할은 상대적으로 미약한 편이지요. 싱가포르 도심의 화려한 고층건물들 대부분은 외국 기업과 국영 기업의 소유라고 볼 수 있어요. 참 독특한 경제구조죠?

싱가포르는 길거리가 참 깨끗해요. 큰 나무들과 꽃도 많이 보이고 잘 꾸며놓은 느낌이지요. 그래서 싱가포르를 가든 시티(Garden City)라고도 불러요. 가로수를 아름답게 정비하고 국토 전체를 건축물과 어울리게 잘 꾸며놓았죠. 관광객 유치를 위해 싱가포르 정부가 전략적으로 조성한 결과라고 해요. 천연자원도 없고 국토 면적도 작다는 한계를 극복하기 위해 관광산업 진흥에 많은 노력을 해오고 있거든요. 도시를 깨끗하고 예쁘게 다듬고 독특한 리조트 등을 만들어왔죠.

그런 리조트 중 하나로 '마리나베이 샌즈 리조트'를 들 수 있어요. 세 채의 건물 위에 배가 올라가 있는 디자인으로, 외국 기업의 투자로 지어진 호텔이에요. 옥상에 올라가보면 멋진 야외수영장을 만날 수 있답니다. 싱가포르 시내가 다 내려다보이기도 하고요. 이렇게 멋진 전망을 즐기며 수영하는 기분은 정말 색다를 수밖에 없겠죠? 바로 이런 점이 싱가포르가 많은 관광객을 끌어들이는 매력 중 하나예요.

가든 시티 싱가포르

마리나베이 샌즈 리조트

리조트월드 센토사

이번에는 '리조트월드 센토사'로 가볼까요? 센토사는 싱가포르 남부에 있는 섬이에요. 이곳 전체를 리조트로 만들어 호텔, 카지노, 골프장, 테마파크, 쇼핑센터 등을 모두 갖추어두었죠. 모노레일을 타고 섬으로 들어갈 수도 있는데, 타고 가면서 보이는 곳이 전부 리조트예요. 엄청난 규모죠. 이곳에도 커다란 머라이언 상이 있고, 호텔, 테마파크, 인공 해변도 있어요. 해변이 인공적으로 만들어졌다는 건 보고도 믿기지 않을 정도랍니다. 해가 지면 이 인공 해변에서 멋진 공연을 볼 수 있어요. 〈송 오브 더 시(Song of the Sea)〉라는 공연인데, 물과 불꽃, 레이저 등으로 꾸며지죠. 워터스크린에 나타나는 공주 얼굴이 인상적이고 온몸이 시원해지는 기분이 드는 공연이에요.

싱가포르는 2009년까지만 해도 외국인 관광객 수와 관광 수입이 우리나라보다 적었다고 해요. 그렇던 싱가포르가 2011년 외국인 관광객 수 순위에서 한국(979만 명)보다 세 계단 높은 22위(1039만 명), 관광수입 순위는 한국(123억 달러)보다 일곱 계단 높은 15위(180억 달러)로 올라서게 되죠. 2010년 호텔, 카지노, 박물관 등을 포함한 복합리조트 '리조트월드 센토사'와 '마리나베이 샌즈 리조트'로 승부를 낸 결과라는 분석이 있어요. 2010년 관광객 수는 전년 대비 22.3퍼센트, 관광수입은 50.9퍼센트 증가했다고 해요. 마리나베이 샌즈 리조트에서 묵기 위해 싱가포르에 간다는 사람도 많을 정도죠. 이런 인공적인 리조트도 중요한 관광 자원이 될 수 있다니 좀 의외라는 생각도 들지만, 그런 발상을 떠올리고 현실화한 것이 바로 싱가포르의 저력이 아닌가 싶습니다.

이제 싱가포르 동물원으로 가볼까요. 이곳은 늦은 오후부터 일정을 잡으면 딱 좋답니다. 날이 무더우니 싱가포르의 명물 샌드 아이스크림을 먹으며 걸어봐요. 페퍼민트와 망고, 두리안 등의 맛이 나는 여러 가지 아이스크림을 중국식 칼로 썰어 빵이나 비스킷 위에 얹어주는 건데 정말 맛있답니다. 1달러 정도면 먹을 수 있어서 인기가 좋아요.

싱가포르 동물원의 저녁 방문을 추천하는 이유는 '나이트 사파리' 체험 때문이에요. 싱가포르 동물원은 세계 최초이자 유일한 야간 동물원이랍니다. 하루 평균 2,800여 명이 방문하는 매우 인기 있는 관광지예요. 밤에 동물을 구경하니 덥지도 않고 매우 이색적이라 매력 만점이죠. 트램을 타고 출발하는데, 142종 1,200여 마리의 동물을 만날 수 있답니다. 단, 야간 관람이기 때문에 조용히 해야 해요. 카메라 플래시도 당연히 금지고요. 동물들을 놀라게 하면 안 되겠죠.

싱가포르 동물원

서식지별로 여덟 개 구역을 인공 구조물 대신 자연 장애물로 나누어 야행성 동물의 세계를 생생하게 보여주고 있어요. 최대한 자연과 가깝게 환경을 조성했고 조명도 달빛과 같은 성질의 빛을 이용하고 있답니다. 그래서인지 야생이 더 실감나는 것 같아요. 트램을 타고 이동하면서 느껴지는 냄새와 소리, 바람 등이 참 기분 좋고요. 이런 식으로 동물원을 만들다니 정말 좋은 아이디어 같지 않나요? 덕분에 한 해 평균 100만 명 이상이 찾아온다고 해요.

싱가포르는 법이 엄격하기로 유명하답니다. 가령 자전거를 탈 수 없도록 되어 있는 곳에서 자전거를 타면 벌금이 1,000달러라고 해요. 1싱가포르달러가 820원 정도니까 1,000달러면 82만 원 수준이죠. 전철에서 뭔가를 먹으면 500달러라니까, 40만 원이 넘어요. 너무 심하다는 생각마저 들 정도지만 이렇게 강력한 벌금이 싱가포르가 깨끗한 비결이기도 해요. 쓰레기를 길에 버리면 25만 원가량의 벌금을 내야 하고, 껌의 판매도 금지되어 있어요.

리콴유가 총리로 있을 때부터 싱가포르는 법을 엄격하게 만들어 적용하고 있어요. 다민족으로 구성되어 있다 보니 국민들 간에 공통된 법인식이 부족해 다소 지나치더라도 질서와 청결, 그리고 치안을 확보하는 것이 국가 이익에 직결된다고 판단한 거죠.

관광객은 좀 봐주지 않을까 생각하면 오산이에요. 싱가포르는 범죄와 관련된 법일 경우 시민과 외국인에게 동등하게 적용하고 있어요. 예전에 호주인과 나이지리아인이 마약을 밀거래하다 사형을 당하기도 했어요. 양국 정부가 친서를 보내 자비를 호소했지만 마약에 대한 엄격한 법집행에 예외를 둘 수 없다며 사형을 집행한 거죠. 그리고 싱가포르의 사법제도에는 태형도 포함되어 있어요. 특정 범죄를 저지른 18~50세의 남성에 한해 금고형과 함께 태형을 집행해요. 태형에 사용되는 회초리는 물에 불려 탄력성을 높인 등나무로 제작한다고 하는데, 태형에 대해서는 찬반 의견이 분분하다고 하네요. 하지만 이런 엄격한 법집행이 여러 인종이 섞여 있는 싱가포르가 나름 질서 있고 깨끗하게 유지되는 이유 중 하나로 평가받기도 한답니다.

싱가포르의 태형

리콴유는 태형의 효과에 대한 굳은 신념을 가지고 있었다고 해요. 그는 영국으로부터 사법적 태형을 본떠왔지만 적용되는 범위를 훨씬 넓혔어요. 영국에서는 개인적 폭력이 수반되는 경우에 한해 1년에 몇 번의 태형을 선고하곤 했지만 리콴유가 이끄는 인민행동당 정부는 더 많은 종류의 범죄에 태형을 선고할 수 있게 만들었어요. 1993년에는 42개 범죄에 대해 태형을 의무화했고, 42개에 대해서는 선택적으로 적용했어요. 1987년에는 602번의 태형이 선고되었지만, 1993년에는 3,244번, 2007년에는 6,404번이나 선고되었다고 해요.

1993년 세계인의 이목을 끈 사건이 하나 있었어요. 싱가포르에 거주하던 미국인 학생 마이클 P. 페이가 주차된 자동차 여섯 대에 붉은색 스프레이로 낙서를 해서 체포되었죠. 당시 열여덟 살이던 페이는 반사회적 훼손 행위로 체포되었는데, 뉘우치지 않고 거짓 진술로 일관해 금고 4개월, 벌금 3,500싱가포르달러, 태형 6대를 언도받았어요. 미국에서는 어린 학생에 대한 태형 집행이 가혹하다는 비난 여론이 일었고, 당시 클린턴 대통령이 관용을 베풀어줄 것을 요청했지만, 싱가포르 정부는 6대에서 4대로 감형해주었을 뿐 끝내 태형을 집행했다고 합니다.

📍 리콴유에 대한 상반된 입장

① 리콴유는 건국의 아버지이다!

싱가포르 독립 초기에는 빈곤과 무질서가 판치고 있었어요. 이런 싱가포르를 세계에서 손꼽는 부유하고 깨끗한 나라로 일구어낸 데에는 무엇보다도 싱가포르 건국의 아버지, 리콴유의 탁월한 리더십이 큰 역할을 했어요. 리콴유는 중국인 이민자 집안에서 태어나 영국에서 유학 생활을 한 후, 1959년 6월 36세의 나이로 자치정부의 초대 총리가 되었고 1965년에는 독립 싱가포르의 초대 총리가 되었죠. 이후 1990년 11월 사임할 때까지 탁월한 리더십으로 싱가포르를 세계에서 가장 안정적이고 개방적이며 경쟁력을 갖춘 선진국가로 만드는 데 주도적인 역할을 했답니다. 2차 세계대전 이후 전 세계 지도자 중 리콴유처럼 30년이 넘게 국정을 이끌고, 그 이후에도 사실상의 국부로 계속해서 국민들의 절대적 신뢰를 받으며 정치적 영향력을 행사한 인물은 없었죠. 아들이 막강한 권력을 행사하는 현직 총리인데도 일반석에 앉아 공연을 본다거나, 자신이 죽으면 자기 집을 유적화 할 것을 우려해 허물어버리라고 발표하는 등 그의 청렴성은 높이 평가할 만하죠.

② 리콴유는 독재자다!

하지만 다른 의견도 있습니다. 그는 31년간 총리로 재직하며 자원도 없는 작은 도시국가 싱가포르를 아시아에서 가장 부유한 국가로 발전시켰죠. 그러나 민주주의에 대한 그의 이해는 비판받을 만한 점이 한둘이 아니랍니다. 싱가포르에서는 옥외에서 집회를 하려면 경찰의 허가를 받아야 하고 정부를 비판하는 정치인이나 언론인이 소송을 당하는 것은 흔한 일이에요. 아직도 태형이 존재하고 개인의 사생활 하나하나가 형벌로 규정되죠. 화장실을 쓰고 변기의 물을 내리지 않거나 길에 휴지를 버리거나 무단횡단을 하면 처벌을 받아요. 껌을 파는 행위도 마찬가지고, 동성애에 대해서는 말할 것도 없죠. 외신기자로부터 "껌 씹는 행동마저 규제하는 것은 국민의 창조성을 질식시키는 것이 아니냐"는 질문을 받은 리콴유가 "뭘 씹지 못해서 생각을 못하겠다면 차라리 바나나를 씹으라"는 대답을 했다고도 하죠. 그의 극단적인 전체주의적 발상은 여전히 비판의 대상이 되고 있답니다.

다양성을 존중하는 다문화사회

싱가포르에서 지하철을 타보면 네 가지 언어로 된 안내문들을 만날 수 있어요. 영어와 중국어는 기본이고, 말레이어와 인도 남동부에서 사용하는 타밀어도 함께 기재되어 있죠. 싱가포르가 다문화사회라는 것을 단적으로 보여주는 사례랍니다. 싱가포르에는 중국계가 74퍼센트로 제일 많고 말레이계가 13퍼센트, 인도계가 9퍼센트 정도 살아요. 유럽인과 현지인 사이에서 태어난 유라시안계도 일부 있고요. 이처럼 인종이 다양하다 보니 싱가포르 정부는 일찍부터 국민통합을 위한 남다른 노력을 기울여왔어요. 1965년 제정된 헌법에 인종 간 평등주의를 명시했고, 각 인종의 언어를 공용어로 지정하면서 동시에 어느 인종과도 무관한, 세계와 소통할 수 있는 영어도 공용어로 채택했죠.

여러 인종이 모여 살다 보면 갈등이나 사회 혼란에 대한 우려가 없을 수 없죠. 싱가포르의 총리를 비롯해 다수 각료는 중국계가 많아요. 싱가포르 인구의 다수가 중국계인 데다 건국 과정에서 중국계 엘리트들이 주도적인 역할을 담당해왔기 때문이죠. 하지만 대통령의 경우는 말레이계, 인도계, 중국계가 돌아가며 선출되었고 행정 각료 임명 시에도 가급적 인종별 분포를 반영하는 등 인종 간 화합을 위해 노력하고 있답니다.

공영아파트의 경우에도 각 인종별 인구 비율에 따라 분양함으로써 특정 인종이 특정 지역에 편중되는 것을 방지하고 있어요. 각 종교별로 균등하게 법정 공휴일을 지정토록 헌법에 규정해두기도 했고요.

⊙ 싱가포르 사람들

• 중국계 영국 식민지 시절 주로 푸젠, 광둥, 하이난 등 중국 남부지방에서 이민 온 사람들의 후손이에요. 그래서 문화적으로 중국 남부의 영향이 크게 남아 있죠. 싱가포르 중국계의 대중적인 음식인 호키엔미, 치킨라이스 등도 원래는 중국 남부지방 음식이 현지화된 거랍니다. 근래 들어 중국 본토에서 이민 온 사람들이 부쩍 늘어나고 있는데, 이들은 영어를 잘하지 못해요. 중국계는 서비스 부문과 제조업, 상업에 종사하는 경우가 많고, 싱가포르의 총리를 비롯해 다수의 각료가 중국계랍니다.

• 말레이계 싱가포르에 거주하는 말레이계 사람들의 99퍼센트는 이슬람교도입니다. 싱가포르 말레이계는 말레이시아 본토나 인도네시아에서 이주해온 사람들의 후손이 많은데, 이들은 주로 하급 공무원이나 하급 노동자로 일해요.

• 인도계 인도 타밀지역에서 이주해온 사람들이 약 60퍼센트를 차지하고 나머지는 파키스탄, 방글라데시, 스리랑카 등에서 건너온 사람들의 후손입니다. 그래서 '인도계'라는 말은 상당히 광범위한 말로, 다양한 문화, 언어, 종교를 가진 사람들을 포괄하죠. 이들의 절반가량은 힌두교도이지만 이슬람교를 믿는 사람들도 있으며 일부는 개신교나 천주교 신자이기도 해요. 언어도 대개 타밀어를 쓰지만 영어와 말레이어도 능숙하게 구사하죠. 인도계는 관계, 학계, 법조계 등 전문직 종사자들의 비율이 상대적으로 높습니다. 최근에는 인도 본토 출신의 이민자들이 전문직을 중심으로 꾸준히 늘어나고 있는 추세라고 해요.

인종이 다양하다 보니 종교 역시 불교(33퍼센트), 기독교(18퍼센트), 이슬람교(14퍼센트), 도교(10퍼센트), 힌두교(5퍼센트) 등 매우 다양해요. 그래서 도시 곳곳에서 불교사원, 이슬람사원, 힌두사원을 볼 수 있지요. 차이나타운의 사우스 브리지 로드에서는 220미터 거리 내에 불아사 용화원, 스리마리아만 사원, 자마에 모스크 등 불교, 힌두교, 이슬람교 사원이 나란히 들어서 있어요. 싱가포르가 다문화사회임을 실감할 수 있는 부분이죠. 세 가지 종교의 사원을 한자리에서 볼 수 있다는 것이 신기하기도 하고요.

싱가포르가 인종 간 평등을 추구하는 모습은 도시 경관과 건축물, 음식, 의복 등 싱가포르의 곳곳에서 피부로 실감할 수 있답니다. 우선 싱가포르 관광안내도에서도 찾아볼 수 있어요. 차이나타운, 아랍 스트리트, 리틀 인디아를 지도에서 금방 찾아볼 수 있을 거예요. 이런 장소 구분이나 명칭만 봐도 다양한 인종의 사람들이 거주한다는 것을 알 수 있죠. 그럼 이 장소들을 한번 가볼까요?

자, 먼저 '아랍 스트리트'입니다. 19세기경 아랍 상인들이 커피와 향신료 등을 교역하며 이곳에 거주하기 시작하면서 형성된 거리예요. 이집트, 터키 등 이슬람 국가에서 즐겨 먹는 음료와 음식들을 맛볼 수 있죠. 이슬람 신자들이 많다 보니 히잡을 두르거나 무슬림용 모자를 쓴 사람들을 자주 볼 수 있어요.

여러 종교의 사원을
동시에 만날 수 있는 나라

《아라비안나이트》에 나오는 건물처럼 보이는 건 이슬람사원인 술탄 모스크입니다. 금색 돔 지붕이 참 인상적이죠. 싱가포르에서 제일 큰 이슬람사원이고, 아랍 스트리트의 상징이기도 해요. 안에도 들어가볼 수 있는데, 모스크에 들어갈 때는 꼭 몸을 가려야 해요. 옷

아랍스트리트

술탄모스크

을 빌려주는 곳이 있으니 가운을 빌려 입으면 된답니다. 하지만 어느 정

도까지만 허락돼요. 더 깊숙한 내부로 들어가는 건 이슬람 신자에게만

허용되니까요.

리틀 인디아

헌두 로드

스리 비라마칼리 아만 사원

스리 스리니바사 페루말 사원

이번엔 '리틀 인디아'입니다. 상점들이 딱 인도답죠. '리틀 인디아 아케이드'라는 간판도 보여요. 이곳은 영국의 식민지 정책으로 이주해온 남인도 사람들이 많이 모여 사는 지역이에요. 사리를 입은 여성들과 조금 어두운 피부의 인도계 사람들을 볼 수 있고, 이들이 믿는 힌두사원도 자주 눈에 띄죠. 도로 표지판에 힌두 로드(Hindoo Rd.)라고 씌어 있는 것만 봐도 인도인 거주 지역이라는 걸 쉽게 알겠죠?

힌두사원으로 가볼까요. '스리 비라마칼리 아만 사원'입니다. 힌두사원은 높게 쌓은 조각들이 특징이에요. 고푸람(gopuram)이라고 하죠. 들어가보면 여러 가지 신상들과 사제들의 모습이 이색적이랍니다. 리틀 인디아의 중심을 가로지르는 세랑군 로드에서는 힌두사원을 자주 볼 수 있어요. 조금 더 가면 '스리 스리니바사 페루말 사원'이 또 나와요. 여기는 좀 더 넓고 환하답니다.

그럼 이번엔 차이나타운으로 가볼까요. 이곳엔 '불아사'라는 사원이 있습니다. 차이나타운, 아니 싱가포르를 대표하는 불교사원이지요. 불아란 부처님을 의미하는 불(佛), 어금니를 의미하는 아(牙), 부처님의 어금니를 뜻해요. 석가모니의 치아라고 전해지는 것이 420킬로그램의 순금 사리탑에 모셔져 있기 때문이죠. 보고 싶겠지만 멀찍이 떨어져서만 볼 수 있게 되어 있

차이나타운

불아사

드래곤즈 홀

고, 사진도 찍을 수 없답니다. 신성한 것으로 여겨지기 때문이죠.

1층의 '드래곤즈 홀' 정면에는 금색으로 빛나는 석가상이 있고, 양 벽면에 백 개의 작은 석가상이 있는데 당나라 때의 절 내부를 재현해놓은 것이라고 해요. 굉장히 화려하죠. 이곳 차이나타운은 중국 이주민들의 삶의 흔적이 남아 있는 곳이에요. 도시 재개발사업으로 규모가 많이 축소되었지만 붉은색으로 치장한 '중국스러움'을 느낄 수 있답니다.

혼합 문화를 보여주는 페라나칸

앞에서 싱가포르에 중국인들이 많이 이주해왔다고 했었죠? 아무래도 일자리를 찾아온 사람들이니 남자가 많았겠죠. 그러다 보니 중국인 남성과 현지의 말레이계 여성이 결혼하는 사례가 늘어났어요. 그 과정에서 중국 문화와 말레이 문화가 혼합되어 새로운 문화가 만들어졌는데, 이를 '페라나칸(Peranakan) 문화'라고 불러요.

페라나칸은 말레이어로 '현지에서 태어난'이라는 뜻으로 외국인 아버지와 현지인 어머니 사이에서 태어난 혼혈 후손을 말해요. 초기에는 중국과 말레이 문화의 혼합이었지만, 20세기에 들어서면서 유럽의 영향도 받아 그들만의 독특한 방식으로 문화가 융합되었어요.

페라나칸 문화는 가옥 양식에서도 찾아볼 수 있어요. 중국 남방 지역의 가옥 양식에 화려한 원색의 말레이 문화가 반영되었고, 창문 형태와 장식에는 화려한 유럽풍 디자인이 가미되어 있어요. 음식에도 두 문화의 혼합이 엿보이는데, 중국 향신료에 코코넛밀크 같은 말레이 향신료를 조합하여 만든 퓨전 요리를 해먹어요. 의생활에도 독특함이 있죠. 페

페라나칸 가옥

페라나칸 전통의상

라나칸 문화에서 남성은 바바(Baba), 기혼 여성은 뇨냐(Nyonya)라고 부르는데요. 뇨냐의 패션은 페라나칸 문화를 대표한다고 할 수 있어요. 느슨한 긴팔 상의인 케바야는 중동 통치자들의 외투였던 카바에서 유래했고, 치마인 사룽은 한 장의 천을 랩처럼 감싸 입는 거예요. 케바야는 서양 직물로 만드는데 서구식 장식을 하고 다양한 레이스와 복잡한 자수까지 더했죠. 특히 슬리퍼가 독특한데, 구슬공예와 자수로 만든 슬리퍼는 페라나칸 혼례복 가운데 특별한 것으로, 부의 상징이었다고 해요.

이렇게 서로 다른 문화가 혼합되어 새로운 문화로 발전하는 것이 신기하지 않나요? 우리나라에서는 보기 드문 일이잖아요. 다양한 문화를 존중하는 이러한 태도가 싱가포르를 세계적인 도시국가로 만드는 힘이 되었을 거예요.

자, 이제 여행도 끝나가는데 싱가포르에서 꼭 먹어봐야 할 음식으로 마지막을 장식해볼까요? 바로 '칠리 크랩'입니다. 이 요리는 게를 통째로 튀겨서 토마토 칠리소스에 양념을 한 거예요. 페퍼 크랩과 함께 싱가포르의 대표적인 게 요리죠. 단일 음식 중 대외적으로 가장 널리 알려져 있다고 해요. 칠리 크랩은 매콤하고 달짝지근한 양념이 충분해서 나중에 중국식 빵인 번이나 볶음밥과

칠리 크랩 요리

비벼 먹을 수 있어요. 페퍼 크랩은 좀 더 맵고 자극적인 맛이 나죠.

싱가포르는 다민족 사회이니만큼 음식도 다양해요. 각기 다른 음식 문화가 한곳에서 어우러지다 보니 다른 곳에서는 볼 수 없는 새로운 음식 문화가 만들어지기도 했죠. 싱가포르 음식의 주된 재료는 해산물이에요. 어업은 거의 이루어지지 않지만 스리랑카 등 주변국에서 저렴한 해산물이 많이 들어오기 때문에 해산물 요리가 흔한 거죠. 싱가포르에서 소비되는 게의 양은 측정하기 어려울 정도인데 식당 하나에서 소비되는 양만 해도 한 달에 4톤에 달한다고 해요.

싱가포르는 농업도 하지만, 국토 면적이 적어 농경지는 거의 없다고 봐야 해요. 그래서 식료품점에 가면 다양한 나라에서 수입한 농산물을 볼 수 있답니다. 가까운 말레이시아와 태국은 물론이고, 뉴질랜드와 아프리카의 케냐에서까지 수입을 한다고 해요. 그렇게 먼 곳에서까지 채소를 수입해 먹어야 하니, 아무래도 신선도는 다소 떨어질 수밖에 없겠죠.

싱가포르 여행은 여기까지입니다. 다음 여행지는 인도예요. 그 어느 나라보다도 독특한 여행지인 만큼 새로운 기대감을 품고 가볼까요?

파하르간지
국립간디박물관
라즈가트
델리 성
티베탄 콜로니
코노트 플레이스

타지마할
아그라 성

랑산대학교
다몬다르 강
자르비아 탄랑

중국

파키스탄

델리
(뉴델리)

아그라

네팔

부탄

방글라데시

미얀마

바라나시

단바드

콜카타

잠셰드푸르

갠지스 강
화장장
비슈와나트 사원
사르나트

뭄바이

아우랑가바드

빅토리아 기념관
마이단 공원
칼리 사원
타고르 기념관

인도

타타스틸
주빌리 공원

인디아게이트
타지마할 호텔
마린 드라이브
도비 가트
다라비

다울라타바드
엘로라
아잔타 석굴사원

카레가 없는 인도 방랑기

📍 나마스테! 많이 들어보셨죠? 우리의 '안녕하세요'처럼 힌두교도들이 처음 만났을 때 하는 인사랍니다. 여러분이 인도 여행을 하게 된다면 아마 이 말을 가장 많이 사용하게 될 거예요.

'인도 여행' 하면 사람들은 보통 겁부터 먹곤 하죠. 어쩌면 인도 여행을 할 때 그 특유의 냄새에 적응하는 게 쉽지 않기 때문일지도 몰라요. 어떤 사람들은 카레 냄새라고도 하던데, 보통 인도 냄새라고 부르는 특유의 향이 있거든요. 아마 인도 사람들도 우리나라에 와서 김치나 된장찌개 냄새를 맡으면 비슷한 느낌을 받지 않을까 싶어요. 우리에게는 김치나 된장찌개가 맛있는 냄새이듯, 입장을 바꿔 생각해보면 인도인들에게도 그렇고 좋은 향이겠지요. 여행이란 언제나 이렇게 상대의 입장을 이해해보는 각별한 계기가 된다는 건 알고 계시죠? 그런데 더 충격적인 사실, 인도에는 우리가 흔히 먹는 그런 카레가 없다는 거, 알고 계셨나요? 모르셨다면 지금부터 진짜 인도를 경험하러 출발해볼까요?

유럽보다 더 큰 대륙, 인도

사실 인도는 엄청나게 면적이 큰 국가랍니다. 러시아, 캐나다, 중국, 미국, 브라질, 호주 다음, 그러니까 세계에서 일곱 번째로 면적이 큰 국가죠. 우리나라(남한 면적)의 약 33배에 달해요. 파키스탄, 방글라데시, 스리랑카, 네팔, 인도 등 남부아시아를 통칭해 인도 대륙이라고 하잖아요. 인도는 '인디아'라는 한 나라를 지칭하기도 하고 이 지역 전체를 총칭하기도 한답니다. 사실 인디아의 한자 표현이 인도거든요. 영어권에서는 인디아라고 하지만, 동양에서는 인도라는 표현이 더 익숙한 것 같아요. 인도 사람들은 스스로를 공화국이라는 의미의 바랏(Bharat)이나 힌두스탄(Hindustan)이라고 표현하기도 하죠. 결국 인도, 인디아, 힌두가 다 같은 의미인 셈이에요. 어원은 인더스 강에서 왔고 의미는 '강' 또는 '시냇물'이라고 해요. 세계 4대 문명 중 하나가 인더스 문명이라는 건 아시죠? 그만큼 역사가 깊어요. 힌두교, 불교, 자이나교, 시크교 등의 발생지가 모두 인도예요. 인도를 알면 그 종교들을 이해하는 데도 도움이 되겠죠.

인도는 언어를 기반으로 주를 설치했는데 그런 주가 스물아홉 개나 돼요. 작은 주의 언어는 공용어에 포함하지 않았는데도 무려 열네 개의 언어가 화폐에 쓰여 있답니다. 여기에 영어와 아라비아 숫자까지 더하면 무려 열여섯 가지 표기가 화폐에 기록되어 있는 셈이죠. 그만큼 인도는 넓고 다양해서 가볼 곳이 무궁무진하답니다. 자, 그럼 이제 본격적으로 여행을 시작해볼까요. 우선 인도의 수도인 델리 시내부터 가보죠.

공항에서 택시를 타고 들어가는데 시작부터 인도 특유의 향과 마주치게 됩니다. 택시에서 이상한 지린내도 나는 것 같고, 위생상태도 엉망이고, 안전벨트도 없는 경우가 허다하죠. 도로에는 사람이 튕겨나갈 것처럼 태운 오토릭샤들이 돌아다니고 박물관에나 있을 법한 버스가 돌아다니기도 하고요. 차들이 우리와 달리 왼쪽으로 달려서 가뜩이나 생경한데, 중앙차선은커녕 아예 차선이 없거나 자전거, 오토바이 심지어

오토릭샤

도시 풍경

소나 개도 함께 다니고 있어요. 수도가 이 정도니, 다른 소도시는 정말 '소가 주인인 도시'라는 농담이 농담만은 아닐 것 같아요. 하지만 걱정 마세요. 인도도 사람 사는 곳이라는 걸 금방 깨닫게 되고, 이런 환경에 적응하게 될 테니까요.

이런 현상들이 나타나는 건 아무래도 우리나라와 인도 사이의 경제력의 차이라고 봐야겠죠. 인도와 우리나라의 국민총생산은 인도가 1.7배 정도 많지만, 인구 차이는 26배나 나요. 그러니 1인당 국민소득은 인도가 2,000달러 내외로 2만 5,000달러(2017년 추정치)를 훌쩍 넘는 우리나라에 비하면 턱없이 낮죠. 마치 우리나라의 1970년대로 타임머신을 타고 여행하는 듯한 기분이 드는 이유이기도 하지요.

델리 여행은 뉴델리 역에서부터 시작해요. 엄청난 인파로 북적이는 곳이죠. 자칫하면 인파에 휩쓸려 일행을 놓칠지도 모른다는 걱정이 들 만큼 복잡해요. 혹시 흩어질 경우를 대비해 시계탑 아래처럼 눈에 띄는 곳을 만날 장소로 미리 정해두는 게 좋을 거예요.

인도는 정말로 사람이 많아요. 1970년대 중국의 인구가 9억 명일 때 인도는 5억 명 정도였죠. 그런데 지금은 중국이 13억 8천 명, 인도가 13억 1천 명(2017년 추정치)으로 턱밑까지 따라붙었답니다. 아마 10년 내에 중국의 인구를 추월해 세계에서 가장 인구가 많은 나라가 되지 않을까 싶어요. 인구 증가 속도가 실로 놀랍죠.

그런데 인도의 수도를 뉴델리라고만 알고 계신 분들도 많더라고요. 델리와 뉴델리, 어느 쪽이 수도일까요? 사실은 같은 도시예요. 델리라

인도 대도시 기차역의 풍경

다양한 종류의 선로

는 도시의 역사는 신화 속에서도 언급될 정도로 오래되었죠. 1900년대 초 영국이 식민지 수도를 콜카타에서 델리로 옮기면서 델리 구시가지 남동부에 신시가지를 조성해 뉴델리라는 지역이 생긴 거죠. 행정구역상으로는 뉴델리는 수도 델리(National Capital Territory of Delhi) 내에 있는 지구 단위 정도인 셈이에요. 1948년 인도가 해방되기 전만 해도 큰 발전 없이 정체된 도시였는데, 지금은 남부로 끊임없이 확장되면서 뭄바이와 함께 인도를 이끄는 도시가 되었답니다.

뉴델리 역은 예매 창구가 엄청 커요. 인도의 장거리 교통수단은 철도와 항공이 담당하는데, 국내외 대부분의 여행객들이 주로 철도를 이용하기 때문이죠. 그래서 당일 기차표를 구하는 건 꿈도 꾸지 못할 일입니다. 우리나라처럼 창구에서 "경부선 부산 빠른 거 두 장이요" 하는 식으로는 전혀 구할 수 없어요. 시스템도 복잡하고 매표창구 직원들도 권위적이고 불친절하기로 유명하거든요. 불과 몇 년 전만 해도 모두 수작업으로 발권을 해서 거의 한나절을 예매에 매달리곤 했는데, 그나마 지금은 컴퓨터로 처리하고 인터넷이나 스마트폰 어플리케이션으로 예매하는 여행객도 늘다 보니 과거의 번잡함에서는 다소 벗어난 것 같아요. 스마트폰 어플리케이션으로도 예매는 물론, 연착 여부나 노선 지도, 여유 좌석, 구간별 가격까지 다 알 수 있어서 예전에 비하면 많이 편리해졌답니다. 현장 예매 자체가 무척 힘들기 때문에 한국에서 스마트폰으로 미리 예약을 해두고 오는 편이 좋을 거예요.

인도의 기차 종류와 등급

인도에서 가장 많이 이용하는 대중교통이 철도랍니다. 인도 철도청은 공기업으로 고용인원으로 보면 세계 최대예요. 비교할 기업이 없을 정도죠. 그럼 말이 나온 김에 인도 철도 이야기를 잠시 해볼까요.

철도는 철로의 폭에 따라 협궤와 광궤로 나뉩니다. 철로 폭이 좁아 흔들림이 심한 협궤는 대부분의 나라에서 사라져가고 있답니다. 우리나라에서도 수인선이 마지막으로 운행되다가 1980년대 말에 중단되었죠. 인도에서는 아직도 몇 구간에서 이용해볼 수 있는데, 대표적인 곳이 서벵골 주에 있는 실리구리-다질링 구간이에요. 흔히 토이 트레인이라고 해서 관광상품인 동시에 역사적인 유물이죠. 보존가치가 큽니다. 나머지 대부분의 구간은 광궤라고 봐도 무방해요.

다음으로는 운행되는 기차의 종류입니다. 대부분의 배낭여행객들과 현지인들은 익스프레스(Express/Mails)라고 불리는 기차를 이용합니다. 시속 50킬로미터로 달리는데 익스프레스라니 좀 의아하지만 일반 도로교통을 이용해보시면 기차가 얼마나 빠른지 실감할 수 있어요. 문제는 언제나 시속 50킬로미터로 달릴 수 있으면 좋으련만 북인도에서는 건기에 일교차가 심한 새벽에 만들어지는 안개로 인해 연착이 심하다는 거예요. 한 구간에서 연착하면 교행되는 모든 열차가 영향을 받기 때문에 인도의 기차 연착은 악명이 높지요. 지금은 많이 개선되어가고 있어 다행입니다. 다음으로는 대도시를 연결하는 라즈다니와 짧은 거리를 운행하는 사답디가 있답니다. 라즈다니는 시속 120킬로미터 내외로 달리며, 모든 객실이 에어컨이 잘 가동되는 침대칸으로 세끼 식사는 물론 침구까지 다 제공된답니다. 물론 그만큼 가격도 세죠. 최상급 침대칸은 비행기보다 더 비싸다고 해요. 라즈다니의 단거리 버전으로 사답디라는 것도 있어요. 인도 기차의 70퍼센트는 그냥 일반 익스프레스 기차들이고요. 인도 현지인들의 삶을 가까이에서 접하고 대화도 나눠보고 삶의 방식도 들여다보려면 누구나 탑승할 수 있는 일반 기차의 SL 클래스가 좋은데, 누구나 들어올 수 있다 보니 치안이 약간 불안한 면이 있어요. 치안이 좀 불안한 구간이라면, 한 단계 더 높은 A3 클래스를 이용하는 게 좋겠죠.

A1, A2, A3, SL처럼 같은 기차라고 해도 그 안에 다양한 등급의 객차가 있어서 선택의 폭이 넓답니다. 현지인들이 타는 나무의자 칸은 가격이 말도 안 되게 저렴해요. 일반 배낭여행객들이 많이 이용하는 SL(슬리퍼) 등급도 저렴하지요. A는 에어컨의 약자로 1~3등급으로 나뉘는데 침대칸에 몇 명이 자는지에 따라 달라져요. 물론 서비스도 많이 다르고요. 1등급은 두 명, 2등급은 네 명, 3등급과 SL은 여섯 명이 잘 수 있답니다.

인도의 기차 여행은 일단 장거리예요. 비교적 짧은 구간인 아그라 구간만 빼면 가장 가까워도 9시간, 멀면 26시간을 기차에서 보내야 하거든요. 그래서 인도 사람들은 기차 여행을 할 때 짐이 좀 많아요. 대부분 먹을 것은 물론, 이부자리까지 챙겨 다닌다고 해요.

이제 역을 나와 델리 도심 구경을 해볼까요. 우선 여행자 거리 '파하르간지'입니다. 처음 인도를 방문하면, 인도 여행에 대한 두려움이 없지 않죠. 성범죄 사건, 살인 사건, 종교 갈등에 따른 테러 등등을 언급하며 그런 곳에 왜 가느냐고 하는 사람들도 있고요. 하지만 이건 외국 사람들

여행자 거리 파하르간지

이 분단국인 우리나라가 언제 전쟁이 터질지 모르고 북한이 핵무기까지 개발하고 있으니 여행하기 위험천만한 곳이라고 말하는 것과 비슷한 것 같아요. 실상 이곳에 오면 세계 각국에서 온 여행객들이 넘쳐나고, 각 도시마다 여행자 거리가 형성되어 있어서 정보 없이 떠나도 즐길 수 있을 정도랍니다. 델리의 파하르간지뿐 아니라 바라나시의 벵갈라 토라, 콜카타의 서더스트리트, 뭄바이의 콜라바 등이 대표적이죠.

파하르간지는 뉴델리 역 맞은편 골목이라는 교통의 장점이 있고, 뉴델리와 올드 델리가 만나는 곳으로 가까운 데에 여행자들이 선호하는 유적지나 볼거리가 많아 여행자들을 집결시키는 것으로 보여요. 인도 여행에서는 이런 여행자 거리만 찾아가면 모든 것이 해결된다고 생각하면 돼요. 숙박, 식사, 쇼핑 등 모든 게 가능하죠. 파하르간지에 있는 한국 식당은 한국인들이 모이는 아지트예요. 물론 인도 음식을 먼저 충분히 맛보고 고향 음식이 그리워질 때쯤 찾는 게 올바른 순서겠죠.

인도 숙소는 아무리 허름해도 명칭이 호텔인 경우가 많아요. 한 곳이 유명세를 타면 우후죽순처럼 여기저기서 같은 이름을 쓰는 호텔이 생

다양한 마살라　　　　　　　　　　　　인도 커리

기기 때문에 잘 알아보고 가야 한답니다. 숙소 수준도 다양하고 가격도 천차만별이라 한국에서 정보를 많이 알아올수록 좋아요. 인도 물가도 해마다 뛰고 있어요. 몇 년 전만 해도 200루피 내외면 좋은 방을 구했는데, 요즘은 500 내지는 1,000루피 정도는 줘야 꽤 괜찮은 방을 구할 수 있는 것 같더라고요.

　방을 구했으면 금강산도 식후경이라고 인도 음식을 먹어봐야겠죠. 딱 떠오르는 게 카레일 텐데, 중국에 우리나라 사람들이 생각하는 짜장면이 없듯이, 인도에도 우리가 생각하는 그런 카레는 없어요. 발음도 달라 커리(curry)라고 하는데, 인도인들은 마살라(masala)라는 다양한 향신료를 물에 개어 양념을 만들어요. 우리나라로 치면 간장쯤 될 것 같은데, 거기에 인도 사람들이 많이 먹는 콜리플라워나 감자를 넣기도 하고, 그 양념에 난이나 차파티(chapati) 같은 밀전병을 찍어 먹거나 밥 위에 뿌려 먹기도 하죠. 인도인들은 보통 스무 가지가 넘는 마살라를 골라 넣는데 반해 우리나라에서 먹는 건 많아야 대여섯 가지 정도이고 그중 가장 유명한 게 노란 강황가루죠. 그래서 우리나라 카레는 보통 노란색인데,

인도에서는 붉은색 계통이 많답니다. 대부분의 식당은 자신들만의 레시피로 마살라를 만들고 여기에 어떤 주재료를 넣느냐에 따라 치킨카레, 알루(감자)카레, 고비(콜리플라워)카레 등으로 불리는 거예요.

인도 사람들이 손으로 음식을 먹는다고 불결하게 생각하는 경우가 많은데, 사실 의외로 청결하답니다. 아무리 작은 식당이라도 입구에 손을 씻을 수도가 있고 제법 고급식당이라면 테이블마다 손을 씻는 물이 준비되어 있거든요. 그걸 먹는 물로 알고 마시는 외국인이 있어 종업원들이 기겁한다고도 해요. 메뉴판에 미네랄워터가 있으니 마실 물은 주문해서 마시면 된다는 거 잊지 마세요.

그래도 손으로 뒤처리를 하고 밥도 먹는다는 게 꺼림칙하다고 하는 사람들이 많죠. 가만히 생각해보면 다 자문화 중심주의적 사고가 아닌가 싶어요. 인도 사람들은 절대 왼손을 사용하지 않고 오직 오른손만으로 잘 먹잖아요. 인도인들에게 음식은 눈으로 보고 코로 냄새 맡고 손으로 촉감을 느끼면서 먹는 거라는 인식이 있어요. 우린 뜨거워서 손도 못 대는데 인도 사람들은 자연스럽게 먹죠. 대신 인도 사람들은 뜨거운 국물은 잘 못 먹는다고 해요. 사실 외국인에게는 숟가락과 포크를 주니까 걱정할 필요도 없고요.

맛있는 것을 먹었으니 천천히 볼거리를 찾아가보죠. 인도 거리를 걷다 보면 거의 대부분의 도시마다 'MG로드'라는 길이 있어요. 바로 마하트마 간디의 길이라는 의미죠. 간디에 대한 인도 사람들의 애정은 실로

모든 지폐에 담긴 간디의 초상

라즈가트

대단해서, 인도의 모든 지폐에 간디가 있을 정도랍니다. 우리는 화폐 단위마다 인물이 다르지만 인도는 간디로 통일되어 있는 거죠. 그만큼 국부 간디에 대한 존경심이 깊다는 의미겠죠. 그런 뜻에서 '라즈가트(Raj Ghat)' 부터 가보기로 해요. 간디가 화장된 곳을 기리는 라즈가트를 물으면, 간디가 암살당하기 전까지 살았고 실제 암살당한 곳인 '간디슴리티(Gandhi Smriti)'라는 곳이 있는 국립간디박물관으로 바로 안내해준답니다.

인도에서 간디는 우리나라의 김구 선생과 비슷한 위상에 있는 분이에요. 일생을 조국의 독립을 위해 싸웠거든요. 비폭력운동을 주도했고, 독립 과정에서도 조국이 힌두교의 인디아와 이슬람교의 파키스탄으로 분단되는 것을 보며 온몸을 던져 이를 막고자 했는데, 힌두교도인 간디가 이슬람 편을 드는 것으로 오해한 급진 힌두교 단체에 의해 암살당하

델리 성

라호르 게이트

게 되죠.

라즈가트와 간디박물관은 외국 여행객에게는 큰 인기가 없지만 내국인 방문자에게는 1년에 천만 명 이상 다녀갈 정도로 인기가 높다고 해요. 전시장에는 간디의 어린 시절부터 사망 때까지의 사진, 언론 기사, 간디와 함께 인도 독립운동에 참여했던 인사들에 대한 자료가 잘 전시되어 있어 인도 현대사를 이해하는 데 좋은 장소랍니다.

이번에는 붉은 성(Red Fort)으로 불리는 '델리 성'으로 가볼 차례예요. 델리 성 앞의 광장이 엄청나게 넓어요. 이 광장은 1948년 인도 초대 수상인 네루가 붉은 델리 성 위에 올라 인도의 독립을 만천하에 공표한 장소이기 때문에 매년 독립기념일에 기념행사가 진행된답니다.

광장과 델리 성을 이어주는 문 이름이 '라호르 게이트'예요. 라호르는 파키스탄 제2의 도시 이름입니다. 보통 무굴제국의 3대 수도로 라호르, 델리, 아그라를 꼽아요. 라호르 방향으로 지어진 문이라고 해서 라호르 게이트인 거죠. 라호르 게이트를 지나면 일단 큰 상점가가 나옵니다. 예전 붉은 성이 지어질 당시에는 성내 거주민인 황족들에게 보석 등 고급 제품을 팔던 곳이라는데, 지금도 관광객을 상대로 준보석류의 공예품을 팔고 있답니다.

이 상점가를 지나면 무굴 양식의 궁전 건물이 나타납니다. 황제나 왕자들이 지나갈 때 음악을 연주했다는 장소에는 줄이 길게 늘어서 있죠. 지금은 전쟁박물관으로 사용되는 장소예요. 인도 민중들이 영국에 대항해 독립운동을 펼친 세포이항쟁(Sepoy Mutiny) 때 이 델리 성이 큰 피해를 입었는데 당시의 델리 성 내부 사진도 전시되어 있답니다. 이곳 외에도 고고학박물관, 독립운동박물관 등이 있어요.

우리나라는 보통 마을이나 도시가 들어설 때 배산임수라고 해서 하천을 남쪽에 두는데, 델리 성이나 아그라 성 등 무굴제국의 성들은 모두 하천을 북쪽에 두고 남쪽에 입지해요. 아마도 무굴제국이 북쪽에서 내려왔기 때문에 적들도 북쪽에서 침략해올 것에 대비하려 한 것 같아요. 우리나라 백제의 옛 수도인 위례성, 웅진성, 사비성 등이 모두 강남에 입지한 것과 비슷한 이치겠죠. 백제가 고구려를 의식하며 강남에 성을 쌓았는데 남쪽에서 올라온 신라에게 망하고 말았듯이, 무굴제국도 북쪽이 아닌 남쪽에서 밀고 올라온 영국군에게 망한 것을 보면 이런 것도 역사의 아이러니가 아닌가 싶습니다.

이번에 가볼 곳은 델리 북쪽에 자리 잡은 '티베탄 콜로니(Tibetan Colony)'예요. 티베트 사람들의 난민촌이랍니다. 티베트 난민들이 정착해서

티베탄 콜로니

살고 있기 때문에 티베트 문화를 접할 수 있어요. 티베트는 1950년까지
독립을 유지했었는데 중국이 점령하면서 많은 티베트 사람들이 독립을
위해 싸우다 희생되었거든요. 1959년에 티베트를 탈출해 인도에 도착
한 달라이 라마를 인도 정부가 받아들이면서 티베트인들이 인도에 정
착하게 되었다고 해요. 인도와 중국은 긴 국경을 맞대고 있는데 사이가
좋지 않아요. 지금도 국경 분쟁 때문에 서로 으르렁거리는 사이죠.

달라이 라마는 티베트와 가까운 북인도 히말라야 산자락 다람살라
(Dharamshala)에 살고 있답니다. 그 도시 전체에 티베트 난민들이 거주하
고 있는데 벌써 3세대까지 정착해 생활하고 있어요. 그때 델리의 티베
탄 콜로니도 인도 정부로부터 불하받게 되었어요. 건물이야 여타 델리

와 다를 바 없지만, 옥상에 꽂혀 있는 티베트 깃발 룽타를 보면 이곳이 티베트인의 거주지임을 확실히 알 수 있죠.

파키스탄과 중국 사이에서 샌드위치 신세가 된 인도는 핵무기로 무장했고, 인도의 핵무기에 자극받은 파키스탄 역시 핵무장을 하고 중국과 가까이 지내고 있으니 이 지역의 긴장감도 낮은 편이 아니랍니다. 우리나라가 식민지시대를 겪은 경험이 있기에 독립을 위해 싸우는 티베트인들에게 동질감을 느낄 수도 있겠지만, 요즘 중국의 국력이 미국과 세계 제일을 다투는 상황이고 아시아에서의 영향력이 커서 그 누구도 쉽사리 도와주질 못하는 상황이라고 해요.

티베트인들은 생김새만 우리와 닮은 게 아니라 먹는 음식도 비슷해요. 한국의 만두, 칼국수, 수제비와 같은 모모, 뚝빠, 뗌뚝 등이 우리 입맛에 딱 맞는다고들 하죠.

다시 인도 문화로 돌아가볼게요. 델리 성에서 뉴델리 역 인근까지는 오래된 인도풍인데, 그곳에서 500미터 정도만 벗어나도 마치 다른 도시처럼 보이기도 해요. 좁아터진 골목이 즐비한 올드 델리에서 최신 스포츠카와 세련된 건물이 가득한 뉴델리로 타임머신을 타고 온 것 같을 거예요. 영국이 콜카타를 중심으로 인도 제국을 경영하다가 1911년 신수도 건설에 착수했고, 1937년 델리가 정식으로 인도의 수도가 되었어요. 뭄바이, 콜카타와 더불어 인도를 이끌고 있는 삼두마차였지만, 갈수록 델리의 성장속도가 빨라져서 지금은 도시권 인구 면에서는 두 도시를 앞서 가고 있죠.

뉴델리에서도 코노트 플레이스(Connaught Place)는 델리 최대 상업 및 비즈니스 거리로 흔히 도심이라고 하는 중심업무기능을 담당하는 지역이랍니다. 뉴델리를 계획할 때부터 상업가로 자리매김한 후에 지금까지 번성하고 있는 것이죠. 잘 보면 올드 델리와 뉴델리는 가로망이 완연히 다른데요. 올드 델리는 미로형이고 뉴델리는 방사상 도로망으로 구축되어 있어요. 코노트 플레이스와 더 남쪽에 위치한 인디아게이트를 두 축으로 방사상으로 계획되어 있는 거죠.

코노트 플레이스 남쪽 인디아게이트와 남서쪽 대통령궁 사이에 있는 라즈파트라는 대로가 특히 유명해요. 델리 계획도시의 꽃으로 국회의사당과 각종 정부부처, 국립박물관과 국립경기장이 있는데, 크고 작은 방사상 도로망의 핵심은 하늘에서 봤을 때 진가를 발휘한다고 해요. 인도 정치의 1번지답게 크고 작은 테러가 발생해서 인디아게이트 부근을 빼고는 사람들의 왕래가 거의 없답니다.

자, 그럼 '아그라(Agra)'로 이동해볼까요. 사답디(Shatabdi Express)를 타고 갈 건데, 이 기차는 초특급 라즈다니(Rajdhani Express)의 단거리 버전이라고들 해요. 그래서 상당히 좋긴 하죠. 간단한 아침도 나오고, 일반 익스프레스 열차로는 3시간이 걸리는 거리를 2시간 만에 달리기 때문에 델리에서 당일로 아그라 여행을 할 수 있어요.

아그라는 무굴제국의 수도예요. 인도를 제대로 이해하려면 무굴제국(Mughal Empire)에 대해 알아야 해요. 몽골의 인도어 버전이 무굴이라고 생각하면 되는데요, 무굴제국의 시조인 바부르가 자신의 인도 지배에 대한 정당성을 5대조 몽고인 티무르에서 찾았기 때문이죠. 바부르의 뒤를 이어 2대 후마윤을 지나 3대 악바르 황제에 이르면 인도 전역이 무굴제국의 지배하에 들어가게 됩니다. 악바르 황제는 이슬람교도였지만 힌두교 신부를 맞이하여 제국의 안정을 실현했죠. 이후 4대 자항기르에 이어 5대 황제는 타지마할로 유명한 건축왕 샤 자한이고, 마지막으로 알아두면 좋은 황제가 아우랑제브랍니다. 이 여섯 황제만 알면 무굴제국을 대충 아는 셈이죠. 특히 3대 악바르, 5대 샤 자한, 6대 아우랑제브 정도만 알아두어도 무굴제국이나 인도의 근대를 이해하는 데 도움이 된답니다. 인도의 대다수를 구성하는 힌두교도와 그럭저럭 지내던 무굴제국은 마지막 황제이다시피 한 아우랑제브 때 양 종교의 반목이 재연되면서 쇠퇴의 길로 접어들게 됩니다. 종교적인 반목으로 제국이 멸망하고 끝내 파키스탄, 방글라데시, 인디아로 분열된 거예요.

타지마할

무굴제국의 정수는 타지마할입니다. 5대 황제인 샤 자한이 부인인 뭄타즈 마할을 너무 사랑한 나머지, 국고를 탕진해가며 지은 무덤이죠. 단순한 무덤이 아니라 22년간 당대의 모든 기술과 정성을 쏟아부은 건축물이라 지금도 불가사의한 면이 많답니다. 정방형의 구조와 완벽한 대칭이 건축적 완성도를 높여주고 있죠. 더욱이 사막에서 탄생한 이슬람에서 가장 이상적인 낙원사상을 담고 있는 정방형의 수로와 중앙 연못은 타지마할이 오늘날의 신화를 만드는 데 크게 일조했어요. 중앙 연못 수면에 반영되는 타지마할의 모습은 많은 이들에게 잊지 못할 감동을 안겨준답니다.

하얀 대리석 자체도 인상적이지만 수많은 아랍 글자와 황홀한 꽃문

피에트라 두라 기법으로 새겨진
문양과 글자

양이 정말 환상적이에요. 타지마할의 핵심은 완벽한 대칭, 부드러운 곡선의 돔과 아치, 그리고 대리석을 음각한 피에트라 두라(Pietra dura) 기법이라고 할 수 있어요. 피에트라 두라는 이탈리아에서 건너온 기법으로 순백의 대리석에 보색이 되는 다양한 준보석을 넣어 타지마할을 한층 더 우아하고 신비롭게 단장하고 있습니다. 타지마할의 문양과 글자는 정말 우아하고 아름답답니다.

배를 타고 야무나 강(Yamuna River)을 건너며 바라보는 타지마할은 사람들이 잘 모르는 색다름을 드러내요. 강물 자체는 참 더럽지만 물에 비친 타지마할은 말로 표현할 수 없이 멋지거든요. 샤 자한 황제가 좀 더 살았다면 타지마할 북쪽에 검은 대리석으로 자신의 무덤을 건축한 후,

야무나 강에서 본 타지마할

아그라 성

타지마할과 자신의 무덤을 다리로 연결하려는 거창한 계획이 실현되었을 거예요. 후대에야 멋지다고 많은 관광객들이 찾아오는 명소가 되었지만, 당대에 민초들이 겪었을 부담과 고통은 헤아리기 어려운 일이니, 그러지 못한 게 그나마 다행이라고 해야 할지도 모르겠네요.

타지마할 동쪽과 남쪽은 여행자 거리인데 서쪽은 아그라 성까지 넓은 공원입니다. 그 공원 타지마할 쪽 끝자락에 가면 인도인들의 화장 풍습을 잠시 엿볼 수도 있어요. 화장장에 대해서는 바라나시를 둘러볼 때더 자세히 이야기하기로 해요. 화장장 뒤에 있는 넓은 공원에는 공작새나 원숭이 등 다양한 야생동물들이 노니는 모습을 볼 수 있답니다. 통가 (Tonga)라고 하는 우마차를 타고 아그라 성으로 이동할 수도 있죠. 예전엔 인도 전역에 있었겠지만, 지금은 타지마할 서문에서 아그라 성까지

무삼만 버즈

만 왕복한다고 해요.

  델리에서 흘러오는 야무나 강변을 이용해서 쌓은 아그라 성은 델리
의 붉은 성보다 더 붉고 웅장해요. 3대 황제인 악바르에 의해 1566년 건
설된 이 성은 강력한 권력을 지닌 무굴제국의 상징물이죠. 제국 초기라
군사 요새의 성격이 강했지만 자항기르와 샤 자한을 거치면서 세계에
서 제일가는 궁전으로 변모했답니다. 아그라 성 안에서도 특히 인상적
인 건물은 '무삼만 버즈'입니다. '포로의 탑'이란 뜻을 가지고 있는 건물
로, 샤 자한이 1666년 숨을 거두기까지 약 8년을 이곳에 유폐되어 있었
대요. 무굴제국은 독특한 후계자 계승 방식이 있었습니다. 장남으로 자
동 승계되는 게 아니라 철저한 능력제로 결정되었죠. 그래서 왕권 교체
기에 혈육 간의 전쟁은 피할 수 없었답니다. 샤 자한의 셋째 아들인 아

바라나시 갠지스 강변

갠지스 강에서 목욕하는 사람들

우랑제브도 큰형을 죽이고 왕권을 잡은 후 병든 아버지를 이곳에 감금하고 모진 학대를 했대요. 이런 이야기를 듣고 무삼만 버즈에서 타지마할을 보면 왠지 쓸쓸하면서도 매혹적인 연민이 느껴질 수밖에 없겠죠?

이제 '바라나시(Varanasi)'로 가볼까요. 아그라와 바라나시는 같은 우타르프라데시 주에 속하는 데도 12시간이 넘게 걸려요. 흔들리는 야간 기차를 타고 자면서 가는 게 상책인데, 은근히 피곤하긴 하죠. 숙박비를 아끼기 위해 많은 사람들이 야간열차를 타는데 꽤 피곤하기 때문에 이동 다음 날은 잘 쉬어서 컨디션 조절을 해주는 게 남은 여행을 위해서도 도움이 될 거예요.

바라나시 갠지스 강변에 오면 뭔가 느낌이 남다르다는 사람들이 많아요. 여러 이유가 있겠지만 가장 먼저 꼽을 수 있는 것 중 하나가 소음으로부터의 해방 때문일 것 같아요. 사실 인도 여행의 가장 큰 고초 중 하나가 소음공해거든요. 새벽부터 큰 확성기로 울려 퍼지는 이슬람사원의 새벽 기도를 알리는 아잔(Adhān), 거리를 질주하며 울리는 온갖 이동수단들의 경적 소리 등등. 바라나시의 갠지스 강변은 그런 소음에서 완벽하게 해방된 공간이에요. 사람들이 안락함을 느낀다면 그런 고요함에서 오는 게 아닐까 싶어요.

사실 인도에서는 거의 모든 차량 뒤에 경적을 울리라는 의미의 'Blow Horn'이라는 문구가 붙어 있거든요. 도로에 온갖 것들이 다 이동하다 보니 서로를 배려하는 차원에서 경적을 울리라는 건데, 반대급부로 너무 시끄럽죠. 하지만 바라나시의 갠지스 강변 500미터 이내는 차량 접근이 불가능해요. 그래서 갠지스 강변에서 산책하는 것만으로도 충분히 힐링이 되는 것 같죠.

강 건너편의 백사장으로 보트를 타고 건너가봐요. 갠지스 강에는 수많은 보트들이 기다리고 있어요. 바라나시를 찾는 관광객은 갠지스 강을 보러 오는 거라, 강변을 걷기도 하지만 이렇게 보트를 타고 강 위에서 다양한 풍경을 느끼기도 하지요.

여기선 다양한 풍경을 볼 수 있어요. 새벽에 많은 인도인들이 갠지스 강에서 목욕을 하는데 장관이랍니다. 일출도 황홀경이고요. 낮 시간에 유유자적하며 다양한 가트를 걷는 것도 매력 있죠. 특히 버닝가트에서 시체를 화장하는 모습은 경건함을 넘어 자신의 삶을 되돌아보는 성찰의 경험도 되죠. 해질녘 석양은 너무 아름답고요. 저녁이면 갠지스 강 여신과의 소통을 위해 푸자(pooja) 의식이 거행되는데, 이 또한 멋지답니다.

강을 사이에 두고 서쪽은 시가지예요. 그런데 맞은편은 완전히 다른 모습의 백사장이랍니다. 특정한 숭배의 대상이 없는 힌두인들은 특이한 자연현상 자체를 신성시하는데 농업이 주를 이루는 이들에게는 거대한 갠지스 강이 신앙의 대상이 되기에 충분했죠. 갠지스 강은 전반적으로 서쪽에서 동쪽으로 도도하게 흘러요. 하지만 바라나시 부근에 오면 크게 곡류를 해서 남에서 북으로 흐른답니다. 이렇게 곡류한 결과, 서쪽은 공격사면으로 절벽면이 되고, 동쪽은 퇴적사면으로 백사장이 된 거죠. 뿐만 아니라 시가지가 있는 서쪽 사면에서 해가 뜨는 동쪽을 바라보는 것도 이들에게는 신앙의 대상이에요. 거대한 강 너머로 뜨는 태양이 또 장관이거든요.

인도 기후는 전반적으로 사바나성 기후랍니다. 건기와 우기가 뚜렷한 기후죠. 건기에는 하천의 수량이 적지만 우기가 되면 가트의 상단까지 물이 차오르고 백사장은 모두 강바닥으로 변해요. 또 우기든 건기든 상관없이 이 신성한 갠지스 강물에 몸을 담그려면 거대한 백사장보다는 절벽면에 계단을 조성해 하천 수위의 변화에 따라 오르락내리락하며 이용하는 것이 더 유리했을 거예요. 팁을 하나 더 드리자면, 건기인 겨울에 인도를 방문하면 언제 어디서나 일출과 일몰을 멋지게 감상할 수 있답니다.

그럼, 이제 화장장에 한번 가볼까요. 의외로 다들 덤덤한 마음으로 임하는 곳이니 너무 겁먹진 마시고요. 몇 개의 가트를 지날 거예요. 가트란 강가에 있는 계단이나 비탈면을 뜻하는데, 델리에서 본 간디 화장터 라즈가트처럼 인도 전역에서 사용하는 단어랍니다. 바라나시 시가지는 이 가트가 중심이라고 볼 수 있어요. 이렇게 가트를 조성하는 가장 큰 이유는 종교 때문입니다. 바라나시를 찾는 힌두인들의 가장 큰 목적이 바로 이 가트에서 목욕함으로써 자신의 죄를 씻는 것이죠. 그런 이유로 인도 각지의 명문가

다양한 모양의 가트들

바라나시의 화장장

집안에서 각자 가트를 조성했으니 엄밀히 말하면 가트는 모두 다 개인 소유물인 셈이에요. 건너편에서 바라본 바라나시의 강변 풍경이 멋진 건물들을 이어붙인 모습인 것도 이 때문입니다. 가트 주인마다 추구하는 방식이 달랐을 테니까요.

바라나시에는 100여 개의 가트가 있는데, 그중에서도 양대 지존을 꼽자면 중심 가트라고도 하는 '다샤스와메드 가트(Dashashwamedh Ghat)'와 화장장으로 사용되는 '마니카르니카 가트(Manikarnika Ghat)'랍니다. 여행객들의 이정표 역할도 하고 있죠.

바라나시의 화장장은 신성시되는 공간이니 조심해야 할 것이 있습니다. 화장하는 모습을 지켜보는 것이야 아무도 뭐라 하지 않지만, 큰 소리로 떠든다든지 카메라를 들이댄다든지 하면 절대 안 됩니다. 그저 조용히 묵묵히 지켜보는 것만 허용된다고 생각하시면 돼요. 냄새가 상당히 매캐하니 미리 마음의 준비를 해두시고요.

가트 사이를 다니다 보면 어떤 골목엔 군인들이 득시글거리는 게 보일 거예요. 사실 인도는 그렇게 평화로운 나라는 아니에요. 종교 문제 때문이죠. 종교분쟁이 일어나면 언제나 화약고가 되는 곳이 바로 이곳 바라나시랍니다. 힌두교의 성지인 바라나시에 의외로 많은 이슬람교도가 살고 있거든요. 골목이 이어지는 곳에 있는 사원의 이름은 '비슈와나트(Vishwanath) 사원'이에요. 바라나시가 힌두교 최고의 신인 시바의 도시인 만큼, 시바 신을 모신 유명한 힌두사원이죠. 하지만 앞서 이야기한 무굴제국의 마지막 황제 아우랑제브는 선대 황제들과 달리 이슬람교에 편파적이어서 힌두사원을 허물고 그 자리에 기안바피 모스크(Gyanvapi Mosgue)를 세웠답니다. 인도 전체를 신에게 봉헌한 셈인데, 그런 까닭에 많은 역사가들이 아우랑제브를 사이코패스 취급하고 있다고 해요.

아무튼 그후 모스크와 담 하나를 사이에 두고 다시 힌두사원이 건립되면서 긴장감이 극에 달했고, 지금도 종교 간 갈등이 촉발되면 이곳은 살육의 현장이 되곤 하지요. 그래서 수천 명에 달하는 군인들이 경계를 서는 것이고 외국인의 사원 출입을 금하고 있답니다.

자, 이번엔 불교 성지 '사르나트(Sarnath)'입니다. 불교 4대 성지 중 하나로 우리나라에서는 보통 녹야원이라고 부르는 곳이에요. 불교 4대 성지는 부처가 최초로 설법을 편 장소인 이곳 사르나트를 포함해 부처가

사르나트와 다멕 스투파

탄생한 룸비니, 부처가 깨달음을 얻은 부다가야, 부처가 열반에 든 쿠시나가르를 말해요. 룸비니만 네팔에 위치해 있고 나머지는 인도에 있어요. 특별히 불교 신자가 아니더라도 바라나시에서 20분이면 접근 가능한 사르나트를 한 번쯤 방문해보는 것도 의미가 있을 것 같아요.

　사르나트는 위치가 바라나시의 위성도시 같죠. 부처가 깨달음을 얻고 최초의 설법지를 여기로 삼은 배경이기도 해요. 당시 철학과 종교의 중심지는 바라나시였는데, 이교도에게는 호락호락한 도시가 아니었답니다. 그래서 약간 벗어난 이곳에 자리를 잡은 거죠. 예나 지금이나 텃세라는 건 무시를 못하죠.

　이슬람이 인도를 지배하면서 많은 불교 유적지가 파괴되었어요. 물론 사르나트도 예외는 아니었죠. 그 파괴된 유물 일부가 유적군 입구에

녹야원

있는 고고학박물관에 전시되어 있는데 가장 유명한 것으로는 인도 국장(國章)인 사자상의 원형이 있답니다. 부처가 다섯 제자에게 처음으로 설법한 자리에 세워진 기념탑도 있어요. 아쇼카 왕에 의해 최초로 건립된 '다멕 스투파'가 바로 그거예요. 파괴되고 폐허가 된 유적지들을 보고 있노라면 부처의 말씀인 인생무상이 실감난다고 할까요. 유적지 뒤편에는 한국 절인 녹야원이 있으니 겸사겸사 둘러보세요. 때가 맞으면 된장에 상추쌈을 공짜로 먹을 수도 있으니까요.

인도 문화의 수도, 콜카타

이제 인도 문화의 수도라고 불리는 '콜카타(Kolkata)'로 이동하겠습니다. 콜카타의 여행자 거리는 참 고풍스럽답니다. 이곳의 서더 스트리트는 인도의 식민지 경영 시절부터 건축된 건물들로 가득한, 우리나라로 치면 인사동쯤 되는 곳이랍니다. 건축물의 증개축이 법으로 통제받고 있어서 이렇게 운치 있는 건물들이 숙소나 상가로 사용될 수 있는 거죠. 좀 낡았지만 나름 운치는 있어요.

캘커타 대학

　　콜카타는 영국 식민지 시절 수도였기 때문에 도시 구획이 잘되어 있고 도로도 넓고 공원도 많이 있습니다. 콜카타의 옛 이름이 캘커타인데 도시의 입지는 갠지스 강 지류인 후글리 강 동안이었어요. 지금이야 인도의 동쪽 끝이지만 식민지 시절 동쪽 미얀마와 동벵골(방글라데시)이 분리되기 전에는 나름 인도 제국의 중심도시였죠. 이후 수도마저 델리로 이전하면서 도시가 쇠락해가는 느낌이지만, 여전히 인구 1,500만 명에 육박하는 거대도시로 인도 사상의 중심지 역할을 하고 있습니다.

이곳엔 식민지 인도 시절 영국이 세운 인도박물관이 있어요. 당시에는 런던의 대영박물관 다음으로 큰 박물관이었죠. 지금은 상대적으로 쇠락한 느낌이지만 규모는 여전하답니다. 전시 규모가 어마어마해서 다 보려면 상당한 시간이 걸려요. 시간뿐 아니라 인내력도 요구되고요. 전시물들이 너무 오래 방치되어서 유리 위에 먼지가 수북이 쌓인 곳이 많거든요. 그래도 고고학관의 간다라 불상, 카주라호에 환상적인 조각을 남긴 팔라 왕조 전시실, 자연사박물관, 회화 전시실은 꼭 둘러보세요.

콜카타로 가려면 보통 하우라 역에서 시작합니다. 그러면 대부분 택시를 타고 여행자 거리로 곧장 가죠. 하지만 좀 색다르게 가보는 방법도 있어요. 하우라 다리를 걸어서 건너는 겁니다. 서울만큼 큰 대도시에 한강 같은 큰 강이 있는데 다리가 딱 두 개 있다고 생각해보세요. 하나는 저 아래 남쪽에 있고 대부분 차량이 이동합니다. 그리고 중심과 가까운 곳에 1935년에 만들어진 다리가 하나가 있습니다. 온갖 종류의 차량은 물론이고 우마차에 수많은 인파까지 다니는, 진정한 인도를 느낄 수 있는 장소입니다. 강을 건너자마자 다리 밑 강변으로 꽃 시장이 있는데요, 진정 아수라장에 피어 있는 꽃들이라고 할 수 있을 거예요.

이후 후글리 강 동쪽 강변을 따라 남쪽으로 내려가면 바부 가트(Babu Ghat)에 도착을 합니다. 많은 현지인들이 상습적으로 정체되는 도로를 피해 여기서 배를 타고 후글리 역으로 이동해요. 한가한 여행객은 저렴한 비용(5루피, 약 100원)으로 이 거대한 나룻배를 유람선 삼아 후글리 강을 넘나들 수 있죠. 선착장에서 동쪽으로 있는 마이단 공원을 가로지르면 바로 서더 스트리트예요. 한때는 식민지 인도제국의 심장부였고 지금도 서벵골 주의 주요 관공서가 몰려 있는 곳이지요. 마이단 공원은 영국인들이 세운 아주 넓은 공원이랍니다.

공원을 지나며 남쪽으로 보이는 엄청난 건물이 빅토리아 여왕을 기리는 '빅토리아 기념관(Victoria Memorial)'이에요. 자신들을 지배한 영국의 여왕을 기념한다는 게 우리 상식으로는 이해하기 어려운 면도 있죠. 빅토리아 여왕은 대영제국의 최전성기를 이끌다가 1901년에 사망했는

빅토리아 기념관

데, 1906년 여왕 서거 5주년을 기념하기 위해 당시 영국 총독이 전국적인 모금운동을 통해 타지마할에 버금가는 건물을 세움으로써 영국인의 자존심을 만방에 알리려고 했다고 해요.

덕분에 기념관 건물은 르네상스 양식에 무굴 양식의 돔과 이슬람식 격자세공 창문을 가미해 인도적인 느낌이 가득 배어 있답니다. 전시실로 쓰는 내부도 아름답지만 외부 공원을 감상하면서 보는 전체적인 건물이 훨씬 멋지니까 경험해보세요.

다음으로 가볼 곳은 '칼리 사원(Kali Temple)'이랍니다. 콜카타라는 지명이 시바 신의 부인 이름인 이 칼리에서 나왔어요. 지하철역에서 가까워 접근성도 좋고 여타 도시에서 만나는 사원들이 조용한 편인 데 비해 이 칼리 사원은 지금도 매일 희생제를 치르는 살벌한 사원이랍니다. 좁고 어두운 통로를 돌고 돌아 기도하는 소리에 몽환적인 느낌이 들 때쯤 도착하는 중심부에 가면 곳곳에 핏물이 흐르고 바닥은 질척거리는 아주 느낌이 이상한 곳에 많은 사람들이 꽃과 돈을 던지면서 기도하고 있는걸 볼 수 있어요. 사원 관리인이 관광객들에게도 돈을 요구하니 입장료 셈 치고 소액권 지폐를 몇 장 준비하시면 됩니다. 낯설고 무섭지만 색다른 경험을 할 수 있는 기회라고 할까요.

콜카타의 구시가지는 도보로 충분히 둘러볼 수 있는 거리에 있습니다. 걸으면서 만나는 모든 것이 다 신비롭지요. 지하철도 있지만 식민지 시절부터 운행했을 법한 괘도전차를 놀이기구 삼아 타고 가도 재미있습니다. 이렇게 이동한 시내 북쪽에서 인도의 지성 타고르의 집을 만날 수 있어요. 타고르는 '동방의 등불'로 우리에게도 많이 알려진 인물이죠. 타고르의 생가에 대학이 자리 잡았는데, 대학 내에 기념관과 동상 등이 볼거리입니다.

콜카타에서 3시간 거리에 거대한 탄광도시가 있어요. 탄광도시에 대한 우리의 일반적인 인식과 달리 평지에 위치하고 있는 '단바드(Dhan-

칼리 사원

타고르의 집

bad)'랍니다. 지하자원의 보고인 이곳은 사실 관광객이 많이 드나드는 도시는 아니에요. 참고로, 관광객이 적은 도시를 방문할 때는 각별히 조심하셔야 해요. 인도 사람들 자체가 호기심이 많아서 외국인이 적은 곳에서 돌아다니면 스포트라이트를 받게 마련이죠. 행동을 최대한 조심해야 하고, 작은 숙소에서는 아예 외국인을 받지 않을 공산이 크니 상대적으로 큰 호텔에 가서 방을 잡아야 해요. 그런 호텔에서도 여권을 복사하거나 인적사항을 꼼꼼하게 적는데, 아마 인도가 사회주의적 요소를 지니고 있어서 그런 것 같아요. 최근 중국, 파키스탄 등과 전쟁을 치른 적도 있어서 과민하게 반응하는 면도 있고요.

단바드에는 석탄 말고도 인도에서 가장 유명한 광산대학교와 다모다르 강(Damodar River)이 있답니다. 다모다르 강 개발은 미국의 테네시 강 개발을 본뜬 계획이라고 해요. 다모다르 강의 수력과 용수, 그리고 풍부한 지하자원을 바탕으로 중화학공업을 발전시킬 계획이었죠.

다모다르 강

여기서 또 잠깐, 인도는 영어가 공용어이지만 모국어는 아니에요. 생활을 위해 공용어를 사용하고 있지만 모국어는 아니니 대부분의 인도인들이 영어가 능숙하지는 않아요. 그러니 외려 대화하기는 편해요. 필요한 단어만 나열해도 간단한 협상은 가능하고, 영어보다는 표정이나 몸짓이 더 중요하거든요.

영어를 많이 쓴다고 상대방의 영어에 기가 죽지 않을까 걱정할 필요는 없다는 말씀. 소통하려는 의지와 자신감이 더 중요하답니다. 관광객이 거의 없는 단바드에서 만나는 대부분의 릭샤꾼들은 영어를 못해요. 그러니 서로 영어를 못하는 처지에 괜스레 먼저 걱정하지 말고 자신감을 갖자고요.

단바드 시 남쪽에 자리한 자리아 탄광은 인도 최대의 탄광이면서 석탄불로 유명하답니다. 언젠가 KBS의 한 프로그램에서 가수 보아가 자리아 석탄불 마을을 방문해 그곳 아이들의 열악한 환경을 소개한 적이 있었어요. 보는 내내 눈시울이 뜨거웠던 방송이죠. 하지만 근처까지 와도 석탄불 마을을 찾아가기는 많이 어렵습니다. 지나치게 오지이고 열악해서 다소 격리된 사람들만 사는 곳이거든요. 아쉽지만 발길을 돌려야 했어요. 대신 노천탄광을 보게 되네요. 노천탄광의 규모도 상당해서 끝이 어딘지를 모를 정도죠. 우리나라 탄광은 심층 채굴로 채탄 비용도 비싸고 사고의 위험도 높은데, 이곳은 노천탄광이라 그냥 걷어내면 채굴이 되는 셈이니 훨씬 수월하겠죠?

노천탄광

콜카타를 중심으로 두고 당일로 여행할 수 있는 곳은 단바드 외에도 '잠셰드푸르(Jamshedpur)'가 있습니다. 단바드가 석탄 중심의 자원도시라면, 잠셰드푸르는 다모다르 강 남쪽에 위치한 중화학공업도시라고 할 수 있어요. 자르칸트 주는 2000년에 비하르 주에서 독립된 주인데, 공업 중심인 남부가 분리되면서 농업 중심의 비하르 주는 인도에서 가장 가난한 주가 되었죠. 자르칸트 주는 인도에서 중요한 광공업산업의 중심지예요. 그 핵심이 바로 단바드와 잠셰드푸르인 거고요.

잠셰드푸르의 여행은 타타나가르 역에서 내리는 것부터 시작됩니다. 인도에서 가장 큰 기업집단이 타타그룹이에요. 그 그룹을 세운 사람이 바로 잠셰트지 타타라는 사람입니다. 인도에서는 '나가르'나 '푸르'로 끝나는 도시가 많은데, 잠셰드푸르나 타타나가르는 모두 다 이 사람을 기리기 위해 붙인 지명이에요. 역에서 가까운 곳에 높은 언덕이 하나 있고 거기에 골파하리 사원이 있어요. 사원 자체도 볼 만하지만 그 언덕에서 내려다보는 잠셰드푸르의 도시 전망이 정말 끝내주죠.

잠셰트지 타타(Jamsetji Tata)에 대해 좀 더 이야기해볼까요. 타타는 나브사리에서 파르시로 태어났어요. 파르시는 불을 숭배하는 조로아스터교를 믿는 사람들인데, 페르시아 지역이 이슬람에 점령된 후 건너왔기 때문에 파르시라고 해요. 뭄바이를 중심으로 7만여 명의 파르시들이 그들의 방식을 지키며 살고 있다고 해요. 유명한 것이 조장(鳥葬)인데, 죽은 자의 시신을 새에게 먹이는 장례 풍습이 바로 그것이죠.

잠셰트지 타타

타타가 세운 타타그룹은 자동차를 필두로, 철강,

주빌리 공원   타타스틸

시멘트, 통신, 금융, 곡물과 타타 티(Tea)까지 다방면에 걸쳐 기업을 운영하며 인도 경제에 중요한 역할을 담당하고 있습니다. 어찌 보면 문어발식 재벌 집단이라고 볼 수도 있는데, 인도에서는 상당히 존경받는 기업이라고 해요. 이익금의 상당 부분을 사회에 환원하기 때문에 이미지가 좋다고 하네요.

인도의 계획도시들은 도심에 큰 공원이 위치하는 걸 알 수 있어요. 그곳을 중심으로 생활문화가 펼쳐지죠. 가령 주빌리 공원은 타타그룹에서 직원들의 복지를 위해 거금을 들여 만든 곳인데 잠셰드푸르 시민들에게 많은 사랑을 받고 있대요. 타타나가르 역에서 주빌리 공원을 들렀다 타타스틸 정문까지 다녀보면 인도도 나름 공업국가라는 것을 느낄 수 있답니다. 이곳 잠셰드푸르가 타타그룹의 도시라면 단바드와 잠셰드푸르 사이에 위치한 보카로 스틸 시티는 인도 정부에서 설립한 국영제철, 철강회사의 도시예요.

인도와 우리나라는 두 나라의 경제규모에 비하면 경제교류가 걸음마 수준이라고 할 수 있겠지만 향후 크게 증가할 전망이에요. 우리나라

대우그룹의 대우상용차를 타타그룹이 인수해 타타대우상용차라는 이름으로 군산에서 운영하고 있기도 하고, 인도에서 많이 본 마힌드라 자동차회사가 우리나라 쌍용자동차를 인수하는 등 이미 교류가 이루어지고 있죠. FTA(자유무역협정)와 유사한 CEPA(포괄적 경제동반자협정)를 맺었기에 두 나라의 교류는 앞으로 더욱 확대될 것으로 보인답니다.

인도 대륙의 중심, 데칸고원

산을 거의 볼 수 없는 갠지스 강 유역과 달리 인도 중부지방으로 오면 산이 좀 보이긴 해요. 하지만 우리나라 산과는 모양이 다른데요, 삼각형이 아니라 사다리꼴에 가깝거든요. 옛날 옛적에는 대륙이 모두 하나로 붙어 있었죠. 그런 대륙이 분리되면서 인도도 아프리카 대륙에서 떨어져 나왔는데 북쪽으로 천천히 이동하던 중 수백 번 용암이 분출한 거예요. 인도 대륙이 아시아와 부딪쳐서 히말라야 산맥과 티베트 고원이 치솟아 올랐고, 그때 인도 대륙에 용암이 켜켜이 쌓인 거랍니다. 흔히 그런 지형을 '용암대지'라고 하는데 용암이 한라산이나 백두산처럼 폭발한 게 아니라 약한 지각을 타고 분출해 평평하게 쌓이면서 이런 모양의 산들이 형성된 거지요.

인도에서 가장 유명한 고원이 바로 데칸고원입니다. 흔히 인도 중남부를 모두 데칸고원이라고들 해요. 높은 고원이 아니라 해발고도 500

미터 내외의 평평한 고원입니다. 대지가 평평한 데다 1년 중 건기와 우기가 뚜렷하게 구분되는 사바나 기후인 탓에, 여기에 최적화된 작물인 사탕수수와 면화의 주요 재배지가 되었답니다. 인도가 면화 생산 세계 2위가 된 데는 이런 기후적·지리적 이점이 있었던 거죠.

데칸고원을 관찰하기 좋은 도시는 아우랑가바드(Aurangabad)예요. 아우랑가바드는 샤 자한의 멋진 건축물이 남아 있는 다울라타바드, 석굴 사원으로 유명한 엘로라와 아잔타를 둘러보는 전진기지에 해당하는 도시지요. '다울라타바드(Daulatabad)' 정상에서 보면 데칸고원이 정말 실감납니다. 평평한 산이기 때문에 독특한 경관을 자아내죠. 다울라타바

다울라타바드에서 본 데칸고원　　　　샤 자한의 건축물

드는 14세기에 델리에 수도를 둔 투글라크 왕조의 무함마드 왕이 자신을 비난하는 전단이 뿌려졌다는 이유로 1,500킬로미터나 떨어진 이곳으로 천도를 하면서 세워진 성체랍니다. 인구 10만 명이 40여 일을 걸어 이곳으로 왔다고 하니 실로 대단하죠. 사실일 텐데도 왠지 허무맹랑한 느낌이 들 정도예요. 그래서인지 이렇게 반파되어 방치된 유적지인데도 엘로라, 아잔타 못지않게 인기가 많다고 해요. 아무래도 폐허가 주는 묘한 쓸쓸함 때문이 아닐까요?

　해자나 성벽은 인도의 다른 성들과 비슷하지만 코끼리의 공격을 막기 위한 시설물이라든지, 침입하는 적들이 상상도 못할 동굴길 같은 구조물은 독특하고 이색적이랍니다. 정상에 팔각형의 예쁘장한 정자를 겸한 순백의 건물이 있는데, 놀랍게도 타지마할을 지은 건축왕 샤 자한의 작품이라고 해요. 굉장히 멋진 전망을 보여주기까지 하죠.

　다울라타바드 지척에 '엘로라(Ellora)'가 있습니다. 인도를 여행하다

보면 느끼겠지만 인도의 도로 사정은 시골로 갈수록 나빠져요. 대부분 차선도 없고 포장도로라고 해도 포장이 깨져 있어 비포장도로나 마찬가지죠. 비도 많이 오고요. 그러니 근처에 볼 만한 곳이 있다는 건 참 다행스럽게 느껴지기도 하더라고요.

엘로라는 아잔타와 함께 마하라슈트라 주의 양대 볼거리예요. 불교 유적인 아잔타가 시대적 구분 없이 조성되어 있는 것에 반해, 여기 엘로라는 불교, 힌두교, 자인교 순으로 질서정연하게 조성되었답니다. 여러 종교가 난립하면 종교 전쟁이나 유적지 파괴 같은 일이 다반사로 벌어졌을 것 같은데 상당히 잘 보존되어 있죠. 사실 종교적 반목은 유일신교에서 많이 나타나는 편인데, 비슷한 탄생 배경을 지닌 불교, 힌두교, 자인교는 비교적 잘 어울려 지낸 것 같아요.

이곳엔 총 서른네 개의 석굴사원이 있는데, 중앙에 있는 카일라쉬나

| 엘로라 석굴사원 | 카일라쉬나트 사원 |

아잔타 석굴사원

트(Kailashnath) 사원을 보고 나면 나머지는 시시해 보일 정도로 카일라쉬나트 사원이 핵심입니다. 카일라쉬나트 사원을 중심으로 힌두교 사원군이 있고, 그 남쪽으로는 불교 사원군, 북쪽으로는 자인교 사원군이 열을 지어 있답니다.

이런 사원을 어떻게 조성했을지 궁금하지 않을 수 없어요. 카일라쉬나트 사원은 바위 하나를 위에서부터 아래로 깎아 들어가며 조성했다고 해요. 본 건물과 탑들도 원래는 하나의 바위였다는 이야기죠. 데칸고원 전체가 현무암이다 보니 생각보다 단단하지 않고 용암대지의 특성상 시루떡처럼 켜켜이 쌓인 현무암층을 하나씩 걷어내면서 조성할 수 있어서 가능했던 것 같아요. 그렇다 해도 실로 대단한 일이 아닐 수 없죠.

마지막으로 아잔타(Ajanta) 석굴사원입니다. 이곳 아잔타도 우상숭배를 싫어하는 이슬람교도들이 알았더라면 다 파괴됐을 거예요. 다행히도 인도에서 불교가 쇠퇴하면서 덩굴 속에 묻혀 있다가 19세기 초반 호랑이 사냥에 나섰던 영국군 병사에 의해 우연히 발견되었다고 해요.

아잔타 석굴사원군은 불교 미술의 보고이자 인도 회화의 금자탑으로 평가받는 곳이에요. 기원전 1~2세기에 걸쳐 조성된 전기 석굴군과 5~7세기까지의 후기 석굴군으로 나뉩니다. 이렇게 찬란했던 불교가 인도에서 한순간 사라졌다고 생각하면, 그것도 참 신기할 정도예요.

전망대에 올라가서 보면 아잔타가 용암대지에 깎인 감입곡류하천의 공격사면이라는 걸 알 수 있어요. 감입곡류하천이란 그랜드캐넌처럼 하천이 아래로 깎아 들어가는 하천(하방침식 하는 하천)을 말하고, 공격사면이란 곡류하는 하천이 침식해 절벽면이거나 급경사인 쪽을 말해요. 그랜드캐넌처럼 크지는 않지만 비슷한 모양으로 깎아 들어간 것이 한눈에 보인답니다. 저런 절벽면의 용암대지를 책꽂이라고 생각해보면 좋아요. 책을 한 칸 빼내면 텅 빈 공간이 생기겠죠. 그런 원리로 석굴사원을 조성한 것이라 보면 이해하기 쉽죠.

감입곡류하천의 공격사면에 위치한 아잔타 사원

불교는 왜 이렇게 석굴사원을 많이 만들었을까요? 중국에도 용문석굴이 있고 우리나라에도 석굴암이 있죠. 아마 날씨 때문이 아니었을까 싶어요. 특히 인도는 사바나 기후인지라 덥고 습한 여름이 계속되기 때문에 이런 석굴 속에서 명상과 공부를 했겠죠. 그러다 서늘해지는 건기가 되면 나가서 설교를 하고. 그런 전통이 중국이나 우리나라에 들어오면서 더운 여름에는 하안거를, 추운 겨울에는 동안거를 행하지 않았을까요? 하안거, 동안거란 스님들이 여름과 겨울에 바깥출입을 금하면서 깨달음에 정진하는 시기를 말한답니다.

12억 인도 경제의 심장, 뭄바이

인도 여행의 마지막 거점은 '뭄바이(Mumbai)'로 택했습니다. 인디아게이트 앞에 서면 뭄바이가 항구도시라는 게 실감나죠. 인디아게이트라는 이 문은 1911년 인도 황제를 겸하고 있던 영국의 조지 5세가 인도를 방문한 것을 기념하기 위해 1924년 완공했어요. 우리 같으면 골백번 헐었을 것 같은데, 인도인들의 사고방식은 우리와는 조금 다른 것 같아요.

높이가 무려 48미터로 대단한 위용을 자랑합니다. 사실 개선문인 줄 알고 지었던 이 문을 통해 1948년 인도 독립 전야에 영국의 마지막 군부대가 총독과 함께 떠나갔다고 해요. 역사는 이래서 재미있는 것 같습니다. 근처에 유명한 타지마할 호텔이 있어요. 앞서도 언급했던 인도의 민

인디아게이트

타지마할 호텔

족자본가 잠세트지 타타가 지은 호텔이죠. 이 호텔을 건설하게 된 슬픈 에피소드가 있어요. 타타가 영국인 친구와 함께 당시 최고의 호텔인 아폴로 호텔에서 저녁 식사를 하러 갔었는데 단지 인도인이라는 이유로 출입을 저지당해요. 그 후 타타는 인도 최고의 호텔을 세우기로 다짐하고 이 호텔을 지었다고 해요. 왼쪽의 낮은 구관은 인도·사라센 양식이라 더욱 인상적이랍니다.

인디아게이트 반대편 마린 드라이브 해변으로 오면 또 다른 모습의 뭄바이를 볼 수 있어요. 뭄바이는 고드름처럼 길게 내려뻗은 반도인데, 인도 경제의 심장으로 성장하게 되죠. 원래 뭄바이는 일곱 개의 섬으로 구성된 늪지대였어요. 1534년 포르투갈이 점령했다가 1661년 포르투갈의 공주 캐서린이 영국의 찰스 2세에게 혼수로 들고 가버리는 바람에 영국령으로 변하게 되죠. 그 후 동인도회사가 뭄바이로 이전해오면서 본격적으로 발전하게 되었답니다.

뭄바이는 인도 최대 도시라 사람이 정말 많습니다. 도시권 전체로 본다면 인구가 2천만 명이 넘어 인도 최고일뿐더러 세계 4위의 지리적 도시권이랍니다. 지리적 도시권이란 행정구역의 인구가 아닌 도시경관이 보이는 지역을 의미합니다. 인구가 너무 많아서 인도 경제의 중심지인데도 일자리 문제가 심각하다고 해요.

마린 드라이브도 사실은 바다였어요. 섬과 섬을 연결하는 제방으로 늪지대를 매립해 쌓은 거랍니다. 깊지 않은 곳에 항구가 건설되었으니 큰 선박의 접안이 여의치 않았겠죠. 그래서 반대편 만 쪽으로 인천의 갑

마린 드라이브　　　　　　　　　　　　　　　　　뭄바이 대학

문식 독 같은 시설이 세 곳이나 설치되어 있어요. 길게 뻗은 반도는 자연적인 방파제가 되고, 그 안쪽으로는 안전한 항구가 있어서 뭄바이가 세계적인 도시로 성장하는 배경이 되어주었죠.

마린 드라이브와 인디아게이트 사이에 뭄바이의 볼거리가 다 있어요. 뭄바이대학의 도서관과 대강당, 뭄바이 고등법원 건물은 식민지 시절의 부귀영화를 상징하듯 고풍스러워요. 웨일즈 왕자 박물관, 제항기르 아트 갤러리, 국립현대미술관도 다 이 근처에 있어서 구시가지에서 시간 보내기가 좋답니다.

도비 가트가 있는 마하락슈미 역도 인상적입니다. 역에서 바로 빨래터가 보이거든요. 세상에서 가장 큰 빨래터라고들 하죠. 델리나 바라나시, 콜카타는 큰 하천을 끼고 있어서 빨래터인 도비 가트가 하천을 따라 분산되어 있지만, 여기 뭄바이는 큰 하천이 없는 도시라 이렇게 인공적

도비 가트

으로 만든 곳에 도비들이 모여요. 가트는 하천변 물가라는 의미이고, 도
비는 빨래라는 의미입니다. 그런데 인도 문화에서는 빨래를 천한 일이
라고 꺼려왔어요. 힌두교 문화권에서는 땀과 침 같은 체내 배출물의 접
촉을 극도로 꺼리거든요. 식사 때 도구를 사용하지 않고 손으로 먹는 것
도 마찬가지 의미에서죠. 그러니 땀에 전 빨래를 한다는 것은 전혀 좋은
일이 아니라 여긴 거예요. 그런데 바로 이곳에서 매일 5천 명의 세탁 노
동자들이 1천 개가 넘는 세탁조에서 매일 5교대로 옷을 빨고 있다고 해
요. 대부분 호텔, 병원, 학교와 같은 대형 사업체들이 고객이죠. 누군가
의 노동을 볼거리로 삼는다는 사실이 불편하긴 하지만, 세상에서 가장
큰 빨래터라는 실감은 확실히 납니다.

　인도의 빈민가인 다라비로 가볼까요. 매립지인 뭄바이는 지반이 약
해서 지하철은 없고 대부분 이렇게 교외전철로 연결되어 있답니다. 여

다라비 빈민가

성용이 따로 있기도 하고 좀 낙후되긴 했지만 타고 다닐 만해요. 마힘 정선이라는 역이 바로 하차할 역이랍니다.

다라비라는 동네는 《내셔널 지오그래픽》 잡지를 통해 알게 되었습니다. 잡지 기사에서도 위험한 동네이니 대낮에도 조심 또 조심해야 한다고 하더라고요. 요즘은 아예 빈민가 투어(Dharavi Slum Tour)라고 리얼리티 여행사에서 직접 진행도 한다고 하더군요. 영화 〈슬럼독 밀리어네어〉에서 초반 어린이들이 등장하는 곳이 바로 다라비 빈민가라고 해요. 저렇게도 살 수 있을까 싶은 환경 속에서 살아가고 있답니다. 사실 뭄바이 공항에서부터 숙소까지 오는 1시간 내내 비슷한 모습이 도로변에 펼쳐져 있죠.

인도의 빈민가는 가난과 양극화의 현실을 극명하게 보여주는 공간입니다. 하지만 누군가에게는 소중한 삶의 터전인 다라비도 달동네로

서의 생명이 곧 끝날 모양이에요. 뭄바이가 성장해 세계적인 도시가 되면서 도심재개발 압력이 심하다고 하니까요. 한쪽에서는 이미 철거가 시작되고 있고요. 인도에서는 양극화도 심각한 문제이지만, 환경 문제는 정말 답이 없어 보여요. 의식과 제도의 전환이 없다면 정말 회복이 불가능할 정도죠. 다행히 인도 정부에서도 느리지만 조금씩 인식을 전환하고 제도를 바꿔나가고 있다고 합니다. 가장 대표적인 사례가 대중교통을 대기오염이 덜한 LNG로 바꿔나가는 거죠. 덕분에 대도시 공기가 많이 좋아졌다고 해요.

어쨌든 인도는 참 볼거리가 많고 영감이 가득한 공간인 동시에, 내내 마음 한쪽을 무겁게 누르는 듯한 기분을 느끼게 하는 공간이기도 합니다. 인도도 지금보다 더 살기 좋고, 절대적 가난에서 벗어나는 나라가 되었으면 좋겠어요.

📍 인도의 음료와 과일 이야기

인도를 여행하면서 가장 조심해야 하는 것이 설사병이랍니다. 생각보다 심각해 체중이 5~10킬로그램 정도 쉽게 빠지기도 하고 탈수 증세를 동반해 위험에 처하기도 하거든요. 심지어 여행을 중도에 포기하고 귀국해야 하는 사태가 벌어지기도 해요. 배탈의 원인은 식사보다는 물과 음료 때문이에요. 그럼 맛있지만 탈도 많은 인도의 음료를 한번 알아볼까요.

가장 대중적인 음료가 '짜이(Chai)'라는 밀크티예요. 차 문화가 없던 인도에 영국인들이 홍차 재배를 보급했죠. 그러고는 질 좋은 상등품은 수출하고 질이 떨어지는 차 잎에 생강, 계피 등을 넣어 우린 후 설탕과 우유를 섞어 마셨던 거예요. 물론 생각보다 맛있고 가격도 저렴해요. 끓인 음료라 거의 탈이 나지 않아 여행객들이 선호한답니다.

다음으로 많이 마시는 전통음료가 '라시(Lassi)'예요. 베이스로 요구르트를 이용해 물과 각종 마살라를 넣어 먹죠. 플레인 라시라는 기본형에 설탕을 넣는 스위트 라시, 꿀을 넣는 허니 라시, 각종 과일을 넣는 과일 라시까지 다양하게 먹어요. 문제는 거기에 넣는 물과 재료들의 신선도죠. 믿고 마실 수 있는 전문점이 아니라면 정말 조심해야 해요.

길거리에서 즉석으로 짜주는 사탕수수, 오렌지, 라임 음료도 위생적인지, 믿을 수 있는지, 혹 비위생적인 물을 타는 건 아닌지 주의해야 해요. 탄산음료는 우리나라에서 마실 수 있는 거의 모든 종류를 마실 수 있어요. 특이한 탄산음료로는 림카 브랜드의 음료가 있는데 라임 향의 청량감이 강하답니다. 의외로 우리 입맛에 맞아요.

과일은 다양합니다. 우리나라 사람이 주로 방문하는 계절인 겨울에는 바나나와 오렌지, 구아바, 망고, 포도, 석류 등이 제철이에요. 이름 모를 다양한 과일들이 많지만 바나나나 귤이 저렴해서 많이 먹게 되죠. 과채류 중에는 토마토와 오이가 무척 저렴해서 장시간 여행할 때는 먹기 좋답니다.

방글라데시

네팔

부탄

인도

메갈라야

인도

실롱

체라푼지

체라푼지 기상청
노칼리카이 폭포
리빙 루트 브리지

오스마니우디얀 공원
다카대학교
부리강가 강

순다르반스 야생생물보호구역
(맹그로브)

다카

벵골 만

미얀마

치타공

콕스 바자르

비옥한 갠지스 강의 삼각주, 방글라데시

📍 방글라데시 사람들은 행복지수가 높다는 이야기 들어보신 적 있을 거예요. "당신은 12개월 전보다 현재가 더 행복합니까?"라는 질문에 행복하다고 대답하는 빈도가 아시아 최고 수준이라고 해요. 사실 방글라데시는 세계 최대 인구 조밀국가인 데다 반복되는 자연재해 등으로 인해 국민소득은 낮지만, 행복지수만은 아시아 최상위권인 특이한 나라예요. 외부에서 보면 방글라데시에 대한 이미지가 대부분 빈곤과 가난으로 인식되는 편인데, 정작 방글라데시 사람들은 외국인을 보면 "가난하지 않아 미안합니다"라는 말부터 해주고 싶어한다고 해요. 그럼 지금부터 가난하지만 행복한 나라, 방글라데시를 여행해볼까요.

방글라데시를 여행할 때는 현지인들의 시선이 따라붙는 걸 감수해야 해요. 인도 사람들도 호기심 어린 눈빛으로 여행객을 바라보는 경향이 강한데, 그래도 인도는 나름 관광대국이라 관광객들도 많아 그런 시선이 분산되는 편이죠. 반면 방글라데시는 인도처럼 히말라야나 타지마할 같은 유명 관광지가 있는 게 아니다 보니 관광객이 상대적으로 드물어 더더욱 그 시선이 집요하게 느껴질 거예요. 유명한 배낭여행 안내 책자인 《론리플래닛》 '방글라데시 편'을 보면 첫 구절에 이런 문장이 나와요. "방글라데시 사람이 처음 본 외국인은 바로 당신입니다." 그러니 방글라데시 사람들이 바라보는 시선을 따뜻한 눈으로 받아주자고요.

원래 인도 대륙은 한 나라였어요. 2차 세계대전 이후 독립하면서 종교 때문에 힌두교의 인디아와 이슬람교의 파키스탄으로 분리되었고 20여 년 뒤에는 파키스탄에서 또 방글라데시가 분리 독립하게 되죠. 사실 파키스탄에서 방글라데시가 분리되는 것은 거의 예정된 수순이었어요. 인도를 사이에 두고 1,500킬로미터 이상 떨어진 상태로 하나의 나라를 유지하고 있었으니까요. 처음부터 단일국가를 유지하기 어려운 여건이었죠. 그사이 정치적인 주도권을 쥔 서쪽 지역이 정치적·군사적 요직을 독점하고 자기들의 언어인 우르두어를 공용어로 지정하자, 동파키스탄 인들이 반발해 1971년 방글라데시로 독립한 거랍니다. 한마디로 방글라데시는 처음에는 인디아였다가 동파키스탄이 되었다가 독립하면서 방글라데시가 된 거예요. 방글라데시라는 국가명은 '벵골인의 나라'라 는 의미라고 해요.

지정학적 기이함은 그뿐만이 아니에요. 인도와 방글라데시는 같은 벵골어를 사용하는 지역을 종교로만 나누다 보니 국경을 넘나들며 섬 처럼 월경지(Enclave)들이 있어요. 월경지란 다른 나라 영토에 의해 완전 히 둘러싸여 있는 인접국가의 땅을 말하는데, 방글라데시 내에 102개 의 인도 땅이 있고, 인도 내에는 71개의 방글라데시 땅이 있답니다. 우 리나라처럼 사상과 체제가 달라 전쟁을 겪으며 분단된 것도 아니고, 종 교만 다를 뿐 한 가족 한 마을로 살다가 나라를 선택해야 하는 상황이 되 다 보니 이런 기이한 모습의 국경이 생겨난 거죠.

인도와 달리 방글라데시를 다니면 영어 사용이 쉽지 않습니다. 인도

벵골어로만 적힌 다카의 간판들

나 파키스탄의 경우 다양한 언어를 사용하는 다민족 국가인 데 반해, 방글라데시는 국민 대다수가 벵골어만 사용하기 때문에 모국어에 대한 자부심이 상당하거든요. 이정표나 간판도 대부분 벵골어로만 적혀 있죠.

방글라데시의 면적은 14만 7천 제곱킬로미터로 세계 92위인데, 인구는 1억 6천만 명(2016년 추정치)으로 세계 8위랍니다. 면적이 가장 넓은 러시아보다 인구가 많은 셈이죠. 이러니 웬만한 정치력을 가지고 국가를 경영할 수 있을까 싶을 정도예요. 인구밀도도 우리나라의 두 배로 섬이나 도시국가를 제외하면 세계 1위라고 해요.

방글라데시는 지구온난화의 진행에 민감한 나라이기도 해요. 지금보다 더 온난화가 진행되면 큰 피해를 입을 것으로 예상되는 나라 중 하나죠. 아까도 말했지만 방글라데시는 갠지스 강의 삼각주에 위치한 나라잖아요. 동남쪽 미얀마 국경지대만 제외하면 거의 대부분이 해발고도 10미터 이하예요. 그러니 지구온난화가 진행되어 빙하가 녹고 해수면이 높아지면 방글라데시 대부분이 침수될 우려가 커지죠. 안 그래도 주기적인 범람으로 골치가 아픈데 말이에요. 방글라데시의 침수는 우리나라처럼 하천 둑이 터지면서 범람하기보다는 수면이 천천히 상승해서 발생하기 때문에 인명 피해는 크지 않다고 해요. 어찌 보면 일생을 물과 함께 살아가는 셈이죠.

수도인 '다카(Dacca)'로 진입해볼까요. 다카의 교통체증은 상당히 유명하답니다. 심할 때는 20킬로미터 정도를 가는 데 거의 2시간이 걸리기도 해요. 엄청난 수의 릭샤들 때문이기도 하지만, 도시 인프라가 따라

다카의 유명한 교통체증 　　　　　　　　수상교통 칼

가지 못할 정도로 빠르게 증가하는 인구가 만들어낸 구조적인 문제가
큰 모양이에요. 게다가 방글라데시가 갠지스 강의 삼각주에 있어서 수
많은 하천 위로 도로를 건설하는 비용이 만만치 않았을 거예요. 그래서
칼이라고 부르는 크고 작은 수로를 연결한 수상교통이 더 큰 비중을 차
지한답니다.

　도로는 무질서한 편이지만, 그래도 나름 격자형 도시구획을 하고 있
고 공원도 넓답니다. 대표적인 공원으로 시내 한복판에 있는 오스마니
우디얀 공원이 있는데, 독립운동을 기념하는 공원이라 곳곳에 애국을
선전하는 조형물이 있어요. 공원 한복판을 지나면 스카이라인이 보입
니다. 다카의 중심업무지구(CBD)로 은행과 기업들의 본사가 위치해 있
죠. 중심업무지구란 대도시의 중심을 일컫는 말이에요. 고급 상점가, 기
업 본사, 은행들이 몰려 있는, 흔히 도심이라고 말하는 지역이죠.

　공원 옆에 있는 다카대학교도 한번 둘러보죠. 작은 호수도 있고 캠퍼
스 자체가 매우 넓어요. 다카대학교는 도심에 넓게 자리 잡고 있어요.
현재 자연과학대학 본부로 사용되고 있는 커즌 홀(Curzon Hall)이 유명해

다카의 공원과 그 너머로 보이는
중심업무지구

요. 독립 과정에서 중요한 장소로 사용되었고, 교육부 국장도 여기서 근무한다고 하네요. 토양수질환경학부는 방글라데시 수질오염 문제 해결에 대한 기대를 받고 있죠.

다카의 젖줄 부리강가 강으로 가 볼까요. 시내 쪽 강변에는 과일 등을 파는 꽤 큰 시장도 있어요. 부리강가 강은 제법 큰 하천이에요. 다카의 주요 교통로이자 항구 구실을 하고 있죠. 외해로 나가는 큰 배뿐만 아니라 작은 나룻배도 많아요. 갠지스 강의 본류가 17세기 무굴제국 시대 때만 해도 이 부리강가 강으로 흘렀답니다. 하천 동안에 다카가 입지해 있는데 지금은 잦은 범람으로 흐르는 길이 바뀌어서 본류는 한참 남쪽으로 흐르고 이곳은 간신히 운하 기능만 담당하고 있어요. 얼마나 많은 토사가 흘러내려왔으면 유로까지 바뀐 건지 상상하기조차 힘들 정도예요.

천만 명이 넘는 사람이 사는 다카 중심부를 흐르는 이 큰 하천에 다리는 달랑 두 개뿐인데, 그것도 유료로 운영되고 있기 때문에 사실상 작은 나룻배들이 다카 시민들의 발 역할을 하는 셈입니다. 육안으로 봐도 시커먼 물인 데다 이상한 냄새도 나고 수질도 엄청 오염되어 오랫동안 유람선을 타기는 힘들어요. 간단하게 구경한다는 기분으로 타는 게 좋을 거예요. 부리강가 강은 국제사회에서도 관심을 가질 정도로 심각하게

다카대학교 커즌 홀

물과 함께 살아가는 방글라데시 사람들

부리강가 강과 나룻배

오염되어 있어요. 각종 오폐수, 병원 폐기물, 동물 사체 등 상상하지 못할 정도로 오염이 심각하답니다.

삶의 터전, 갠지스 강의 삼각주

건기, 우기를 떠나 방글라데시는 물의 나라예요. 땅보다 수면이 더 넓은 듯 보이죠. 물이 때론 재앙을 불러오기도 하지만 슬기롭게 극복하고 생활의 이로움으로 전환하며 살아가는 모습이 존경스럽기까지 하답니다. 이곳에서는 벼의 3기작을 볼 수 있어요. 한쪽에서는 탈곡하고 한쪽에서는 벼가 익어가고, 다른 한쪽에서는 모내기를 하는 거죠. 우리나라보다 조금 면적이 큰 나라인데, 쌀 생산량은 8~10배라고 해요. 그런데도 생산량보다 소비량이 더 많아 적잖은 양을 수입에 의존한다고 하네요.

황마

쌀 말고도 방글라데시의 유명 생산품은 황마입니다. 대나무 같기도 하고 갈대 같기도 한 길쭉한 식물인데 곳곳에서 볼 수 있죠. 면화 다음으로 많이 쓰이는 자연산 식물성 섬유인데 석유제품에 밀려 사양 산업이긴 하지만, 세계 생산량의 대부분을 인도와 방글라데시가 차지하고 있어요. 그 외에는 파인애플 생산량이 상

물의 나라　　　　　　　　　　　　　　　　벼의 3기작

당하고, 아무래도 삼각주에 위치한 나라이다 보니 어업의 비중도 무시
하지 못할 수준이라고 해요.

　　이제 순다르반스(Sundarbans) 야생생물보호구역으로 가볼까요. 갠지
스 강 삼각주는 세계적으로 유명한 명소죠. 갠지스 강의 유역면적이 넓
기도 넓지만 인도와 네팔 등 집중호우가 자주 내리는 하천 유역에서 과
도한 경작을 하기에 유실되는 토사도 엄청나답니다. 삼각주가 하구에
넓게 발달한 하천으로는 갠지스 강, 나일 강, 미시시피 강 등이 유명해

순다르반스 야생생물보호구역

요. 갠지스 강과 벵골 만이 만나는 강어귀에 퇴적물질이 쌓이고 맹그로브 식물이 자라면서 그 숲을 따라 다양한 야생동식물군이 형성되었죠. 이 삼각주는 서울의 약 열 배 넓이로 4분의 3은 방글라데시에, 그 나머지는 인도 쪽에 있어요.

1997년부터 유네스코 세계유산에 등재되어 있을 만큼 중요하게 보호해야 할 동물들이 살고 있어요. 현재 가장 유명한 동물은 벵골 호랑이입니다. 벵골 호랑이를 보호하기 위한 관심은 세계적인 수준이에요. 100년 전에는 흔했지만 지금은 볼 수 없는 코뿔소나 갠지스 돌고래의 전철을 밟지 않도록 애쓰고 있죠. 악어나 사슴도 흔히 볼 수 있는데 관광객을 위해 사육하는 느낌이 들어요. 방글라데시 쪽은 주민들도 많이 거주하는 편이라 야생동물을 만나기가 쉽지 않아요. 사람들의 출입을 철저히 관리하는 인도 쪽이 야생동물을 만나기는 더 쉬운 편이죠. 인도의 콜카타에서 출발하는 순다르반스 에코투어가 있는데, 기회가 되면 참여해 호랑이를 만나보는 것도 흥미로울 거예요.

이번엔 세계에서 가장 긴 해변을 자랑하는 '콕스 바자르(Cox's Bazar)'에 가볼 차례예요. 가는 길이 평탄치는 않아요. 인도도 그렇지만 방글라데시도 1.5차선 도로에 포장 상태도 엉망이거든요. 먹고사는 문제도 해결하기 힘든 판이니, 도로 상태까지 신경 쓸 여력이 부족한 건지도 모르겠어요. 도로가 큰 하천을 만나면 교량이 없어서 큰 배로 차들을 실어 나르는 것도 볼 수 있죠.

그래서 항구도시 치타공(Chittagong)의 중요성이 날로 커지고 있다고 해요. 다카는 내륙에 위치해 있어 수출입 물동량이 접근하기 어렵거든요. 우리나라로 치면 다카는 서울이고, 치타공은 부산인 격이지요. 치타공의 가장 큰 산업이 섬유, 봉제업이에요. 우리나라 기업들도 많이 들어와 있고요. 한인회와 한인교회도 있죠. 치타공의 유명한 수입원 중 하나는 선박해체 산업이래요. 선박은 우리나라에서 가장 많이 만드는데, 해체는 치타공에서 가장 많이 하는 거죠.

도시 인근에는 벽돌공장 굴뚝도 많이 볼 수 있어요. 갠지스 강 유역의 북인도나 갠지스 강 삼각주에 위치한 방글라데시나 하천의 퇴적물 위에 있는 나라이기 때문에 건축자재로 진흙을 구워 만든 벽돌을 많이 사용해요. 그래서 가는 곳마다 높은 굴뚝을 만날 수 있죠.

자, 이제 콕스 바자르 해변에 도착했네요. 어마어마한 해변입니다. 끝이 안 보이는 백사장에 경사도 완만하고 바닷물도 잔잔하네요. 해변의 길이가 무려 125킬로미터나 이어져 있어 세계에서 가장 긴 해변으로 인정받고 있어요. 길이도 길이지만, 고운 모래에 낮은 수심 덕분에 가족

갠지스 강 유역에서 흔히 볼 수 있는 벽돌공장

콕스 바자르 해변

단위로 와서 놀기에 최적화되어 있답니다.

막상 해변에 와보면 풍경이 조금 생경할 거예요. 해변인데 사람들이 대부분 옷을 입고 있고, 물속에 들어가 있는 사람도 별로 없죠. 가보면 외국인 여행객에게 더 많은 관심을 보일 거예요. 이곳이 이슬람 국가이기 때문이지요. 남녀를 불문하고 옷을 벗는다는 건 상상도 못할 일인 거죠.

해안가를 거닐어볼까요. 여러 상점들을 만날 수 있어요. 특히, 생선을 건조해서 파는 가게가 많아요. 채식을 주로 하는 인도인들은 가능하면 생선이나 육류를 멀리하는 데 반해, 이슬람교도들은 다양한 육류를 먹습니다. 카레가루에 버무려 튀겨낸 간식거리가 우리 입맛에 잘 맞아요. 밀전병도 괜찮고요.

해변 뒷산의 등대에도 올라가봐요. 바나나꽃을 만날 수 있는데 참 예쁘답니다. 등대에 오르면 콕스 바자르가 한눈에 들어와요. 엄청나게 몰려드는 관광객들을 감당하기 위해 수많은 호텔, 게스트하우스 등이 신축되고 있지요. 앞쪽으로 보이는 소나무 숲은 해변의 모래가 바람에 날려와서 쌓인 사구에 조성한 거예요. 열대지방에서는 보기 힘든 침엽수림으로 인공림을 조성한 거죠. 그 침엽수 밑에서 아낙네들과 아이들이 갈퀴로 나뭇잎을 긁어모으는 모습이 우리나라의 1970년대 풍경과 비슷

등대에서 내려다본 콕스 바자르

침엽수림으로 조성된 인공림

석양이 아름다운 콕스 바자르

하답니다. 이곳의 아이들은 대부분 뭔가 일을 하고 있어요. 아동 노동착
취라고 봐야 할지, 자기 몫을 하며 산다고 봐야 할지 가슴 한쪽이 먹먹하
네요.

모래 공급량이 많아 사구가 계속 해변 쪽으로 전진해서 두 개의 사구열
도 보여요. 사구와 사구 사이 저지대는 저습지이고요. 콕스 바자르는 전형

적인 해안 사구지형을 보이고 있죠. 벵골만 동쪽 해안에 위치해 태양이 바다로 떨어지는 구조이기 때문에 석양도 아름답기로 유명하답니다.

독특한 자연환경과 문화경관이 있는 메갈라야

방글라데시 국경을 잠깐 넘어가볼까요. 메갈라야(Meghalaya) 고원을 가볼 건데요, 인도 땅이지만 방글라데시에서 더 가깝고 접근성이 편해요.

버스정류장에서 내려 국경까지는 대략 500미터 정도예요. 국경인데 군인들은 없고 석탄 야적장 천지랍니다. 방글라데시는 갠지스 강의 퇴적물이 만든 곳이라 지하자원이 별로 없어요. 그래서 인접한 인도 메갈라야 주에서 필요한 석탄과 시멘트 원료인 석회석을 수입하는 형편이

국경의 풍경

죠. 국경에 보이는 건 인도에서 수입해 야적해둔 석탄들인 셈이에요. 화물차도 길게 서 있는데 다 인도로 넘어가는 차들입니다.

국경이 분주한 건 양 국가가 필요한 물건을 교환하는 장소이기 때문이겠죠. 어쨌든 사람도 거의 없는데 출국 도장 하나 찍는 데 2시간 정도가 지나가버려요. 서류를 모두 수작업으로 기록하고 있거든요. 이쪽이 방글라데시 타마빌(Tamabil)이고 반대쪽이 인도의 다우키(Dawki)가 됩니다. 그저 차단기 하나가 국경을 가르는 전부예요. 우리나라와는 달리, 인도-방글라데시, 인도-네팔 등은 자국민들에 한해 어려움 없이 국경을 넘나들 수 있답니다.

두 나라의 국경에서 보면 물자가 인도에서 방글라데시로 넘어가는 흐름이에요. 방글라데시 쪽에는 빈 차가 서 있고, 인도 쪽에서는 물건을 실은 차가 대기하고 있거든요. 수동식 차단기를 빼면 어디에도 표식물이 없어서 어디가 인도이고 방글라데시인지 사실 구분이 잘 되지 않습니다. 대충 평지는 방글라데시이고 산록부터는 인도라고 보면 돼요. 사실 산록 마을과 아래의 평지 마을은 한마을처럼 보일 정도인데 다른 나라라니 신기하기만 하네요.

이 마을에는 카시족이라고 옛 아시아족이 살고 있어요. 캄보디아와 같은

카시족 마을

계통이라고 하더라고요. 특이하게 힌두교도 이슬람교도 아니고, 영국 식민지 시절 전래된 기독교를 믿고 있습니다. 인도에서는 시바 신이 대부분이고 방글라데시는 이슬람 문화인데, 이 마을에 오면 예수의 사진을 볼 수 있어요. 인류학자들에게는 매력적인 연구지이기도 하대요. 왜냐하면 인류 사회에서는 몇 안 되는 모계 중심 사회이기 때문이죠. 모든 경제권과 양육권이 엄마에게서 딸에게로 이어진다고 해요. 외부 생활도 주로 여자들이 하고 남자들은 집안일을 하고요. 지금은 기독교 문화의 확산으로 사라졌지만, 돌을 세우는 거석문화도 하나의 특징이었다고 하네요.

　인도 메갈라야 주의 주도(州都)인 고산도시 '실롱(Shilong)'은 방글라데시 국경에서 한 3시간 거리예요. 인도 본토에서 오는 것보다 방글라데시에서 오는 게 훨씬 빨라요. 도시는 고산지역 오르막에 위치해 있어요. 인도 동북부 실롱은 영국 식민지 시절에 아삼(Assam) 주의 주도로 개

고산도시 실롱

실롱의 위즈 호수

발된 도시예요. 벵골 평지나 아삼 계곡의 덥고 습한 기후를 피해 해발고도 1,000미터의 메갈라야 고원의 이곳을 중심지로 삼았답니다. 거리는 지저분하지만 건물이나 분위기가 나름 깔끔하고 이국적이에요.

세계 최다우지인 메갈라야 고원은 구름의 거처라는 의미를 가지고 있어요. 실롱의 별칭은 동양의 스코틀랜드라고 불리니, 모두 고산기후와 관련이 있죠. 메갈라야 고원은 인도 대륙이 아프리카에서 떨어져 나와 아시아 대륙과 부딪치면서 솟구칠 때 함께 융기한 곳이에요. 석탄과 석회석은 우리나라에서도 고생대 지층에서 많이 나오듯이, 이곳도 고생대 지층이라 석탄과 석회석이 많이 나오죠. 국경에서 본 석탄이나 오는 길에 볼 수 있는 석회석 광산과 시멘트 공장 등이 모두 메갈라야 고생대 지층과 관련된 거예요.

무덥고 습한 방글라데시에 있다가 메갈라야 고원에 위치한 고산도시 실롱에 오면 밤에는 조금 춥게 느껴질 거예요. 대신 모기가 없어서

메갈라야 고원

고생대 지층의 석탄과 석회석 공장

푹 잘 수 있죠. 그래서 인도 본토뿐만
아니라 돈이 좀 있는 방글라데시 사
람들은 메갈라야 실롱이나 '체라푼
지(Cherrapunji)'로 피서를 와요. 그래
서 생각보다 고급 리조트나 호텔도
많답니다.

체라푼지 기상청

세계 최대 강수량을 보이는 체라
푼지 기상청도 구경해볼까요? 메갈라야 고원의 남쪽 방글라데시 방면
은 벵골 만에서 불어오는 고온다습한 여름 계절풍의 영향으로 비가 많
이 온답니다. 이 계절풍은 평평한 방글라데시 평원을 막힘없이 불어오
다가 메갈라야 고원을 만나면서 산을 타고 오르게 되죠. 산을 오르면서
만들어내는 지형성 강수 때문에 세계에서 가장 비가 많이 오는 거랍니
다. 이런 원리를 지리학에서는 '푄(Föhn) 현상'이라고 해요. 바람이 산을
만나 상승하면서 기온이 낮아져 비를 뿌리고 산을 넘어가면 고온 건조

많은 강수량을 여행상품화한 트레킹

해지는 현상을 말하죠. 1년 평균 강
수량이 12,000밀리미터이고 최고
26,500밀리미터인 적도 있었다고 해
요. 한 달 동안 무려 9,300밀리미터
의 강수량을 기록한 적도 있고요. 우
리나라 평균 강수량이 1,200밀리미
터쯤 되니 거의 열 배에 달하는 거죠.

반전은 이거예요. 체라푼지는 아예 그 많은 비를 관광 상품화했다는 점이죠. 뱅골 만의 습한 계절풍이 방글라데시 평원의 여름 태양에 달궈져 상승하다가 이곳에 도착하는 늦은 오후나 저녁에 집중적으로 비가 내리는데, 그 비를 텐트에서 자면서 느끼는 거예요. 비가 많이 와서 곳곳에 폭포와 급류가 흐르는데 그런 곳을 현지인 가이드와 함께 트레킹하는 상품도 있고요.

이번엔 '노칼리카이 폭포(Nohkalikai Falls)'를 감상할 순서입니다. 건기에도 엄청나니 우기 때는 그야말로 장관이겠죠. 노칼리카이 폭포는 인도 최고의 폭포로 높이가 335미터나 돼요. 메갈라야 고원은 인도판 그랜드캐넌이라고 할 수 있는데요, 이곳 때문에 어머어마한 비가 내리고

노칼리카이 폭포

리빙 루트 브리지

그 비에 침식되어 수직 절벽이 생긴 까닭에 메갈라야 고원엔 크고 작은 폭포가 많답니다.

그런데 왜 고원 위는 평평한데 아래는 수직 절벽일까요? 고원의 수평지각과 수직지각이 다르기 때문이에요. 위의 평평한 부분은 단단한 지각이고 그 아래는 약한 지각으로 이루어져 차별침식이 일어난 결과죠. 즉 암석의 단단함과 무름의 차이로 약한 부분은 깎이고 단단한 부분은 남은 까닭입니다.

체라푼지는 전체가 수직 절벽 위에 위치했다고 보면 돼요. 북쪽 실롱으로 가는 도로 부분만 제외하면 모든 부분이 그렇죠. 각종 지하자원과 공업시설에 이렇게 빼어난 자연경관까지, 체라푼지는 미래 인도의 관광지로 각광받을 것으로 보여요.

메갈라야 고원에서 또 하나 꼭 보아야 할 것은 나무뿌리를 엮어 만든 다리예요. 리빙 루트 브리지, 즉 살아 있는 나무뿌리 다리예요. 눈으로 보면서도 믿기지 않을 정도로 인상적이죠. 건기에 가면 물이 없어서 굳이 왜 이런 다리를 만들었나 싶겠지만, 우기가 되면 엄청난 계곡물이 흐르죠. 그때 건너려고 조성한 다리예요. 2층으로 된 더블 데커도 있고, 3층 다리도 있어요. 평소에는 돌다리로 건너다가 비가 좀 내리면 아래 뿌리다리로, 비가 엄청 오면 제일 위의 다리로 건너는 거죠. 새로 만들려고 뿌리만 엮어둔 곳도 보이고요

나무는 고무나무 종류로 열대지방에서 흔히 볼 수 있어요. 공기 중에 뿌리가 노출되어도 말라 죽지 않고 더 굵어져 계곡 건너편까지 뿌리를 내리니 정말 엄청난 생명력이죠.

방글라데시에서의 여정은 이 강인한 생명력에 대한 찬사와 감동으로 마무리할까 해요. 이제 네팔로 이동할 시간이네요.

미얀마의 봄은 어디쯤 왔나?

앵커 미얀마에서 25년 만에 사실상 첫 자유·보통선거가 치러져 아웅산 수치 여사가 이끄는 제1야당 민주주의민족동맹(NLD)이 승리했다는 소식입니다. 미얀마 특파원을 연결해 현지 상황을 듣겠습니다.

기자 1962년 군부 쿠데타 이후 굳게 닫혔던 미얀마의 문이 열렸습니다. 제1야당 민주주의민족동맹(NLD)이 총선에서 국민들의 압도적 지지를 받은 것인데요. 노벨 평화상 수상자인 수치 여사는 총선을 압승하고 나서 "결코 정치 보복을 하지 않을 것이다" 라며 군부독재 세력과 화해할 뜻을 내비쳤습니다. 지난 1990년에 실시된 총선에서도 NLD가 전체 495석의 80%에 달하는 393석을 획득해 사실상 압승했지만, 당시 군부 정권은 부정선거라 주장하며 선거 결과를 무효화했고, 수치 여사를 장기간 연금하며 독재 정치를 해왔습니다.

앵커 반세기 군부 독재 끝에 점진적 개혁·개방이 추진되고 있는 미얀마에 새로운 변화의 바람이 느껴지겠군요.

기자 네, 그렇습니다. 경제적으로 빈곤하지만, 땅이 넓고 5천만이 넘는 인구를 가진 미얀마는 중국과 인도, 아세안 국가들을 연결하는 핵심지역에 위치해 있어 발전 가능성이 주목받고 있습니다. 미얀마는 중국과 약 2,200㎞의 국경을 맞대고 있어 중국이 인도양으로 진출할 수 있는 관문이기도 합니다. 중국은 이미 중동산 원유를 실어 나르기 위해 미얀마와 중국을 잇는 지상 송유관을 건설했고, 일대일로(一帶一路 : 육상·해상 실크로드) 사업을 위해서도 미얀마의 협력이 절실합니다. 미얀마의 대외 교역의 3분의 1을 중국이 차지할 정도로 미얀마 경제의 중국 의존도는 매우 높습니다. 하지만 수치 여사가 이끄는 NLD의 집권으로 미국, 유럽연합 등 서방 세계와의 관계가 개선될 것으로 보입니다. 미국도 동아시아에서 중국을 견제하기 위해 미얀마 지원에 나섰습니다. 향후 미얀마는 중국과 미국 사이에서 개혁·개방을 추진하며 최대한 실리외교를 펼쳐야 하는 과제를 안고 있습니다. 그러나 미얀마가 넘어야 할 산은 외부에만 있는 것은 아닙니다. 내부적으로 다수민족인 버마족(68%) 이외에 135개 소수민족이 있어 차별에 따른 갈등이 상존하기 때문인데요. 일부 소수민족은 독립을 요구하고 있습니다.

앵커 미얀마 소수민족 중 가장 많은 차별을 받고 있다는 로힝야족 문제는 여전한가요?

기자 네, 안타깝지만 미얀마 군정의 박해를 피해 방글라데시 등 인근 국가로 탈출하는 로힝야족의 행렬은 계속되고 있습니다. 로힝야족은 미얀마 북서부에 약 80만 명, 방글라데시 난민촌 등에 약 20만 명 이상이 사는 것으로 추정됩니다. 불교 국가인 미얀마에서 이슬람교를 믿는다는 이유로 가장 많은 차별을 받고 있는 로힝야족은 시민권조차 부여받지 못했습니다. 불교로의 개종을 강요받고, 토지 몰수는 물론 강제 노역까지 해야 하자 참지 못한 이들이 1970년대부터 인근 국가로 탈출을 시도해왔습니다. 그러다가 2012년 6월 로힝야족 280명이 죽고 14만 명이 수용소로 보내지는 참사가 발생했는데, 그 이후 미얀

미얀마의 종족 구성

인도
방글라데시
중국
미얀마
인도양
라카인 주
로힝야족
약 80만 명 거주
카야 0.75
인도 1.25
카친 1.5
몽 2
중국 2.5
라카인 3.5
카인 7
산 9
기타 4.5
**미얀마
종족 구성**
(단위: %)
공인종족
135개
버마
68
태국

마를 탈출하는 '보트피플'이 크게 늘었습니다. 주변 국 모두 이들의 입국을 거부하고 외면해, 오늘도 로힝야족은 정글과 바다를 떠돌며 죽어갑니다. 이들의 몸값을 노린 인신매매도 극성입니다. 미얀마의 90%가 불교도이다 보니 표를 잃을까 걱정해 수치 여사도 이 문제에 침묵해왔습니다. 인권 탄압에 내몰린 로힝야족에 대한 국제사회의 관심이 필요한 때입니다.

—2015년 11월 15일

테라이 평원
각국 사원
따야 데비
대성 석가사

네팔

안나푸르나 보존 지역

히말라야 산맥

중국

타멜 거리
더르바르 광장
마주 데발

포카라

룸비니

카트만두

부탄

치트완 국립공원

사랑코트 전망대
페라 호수
안나푸르나
파탈레 창고
티베트 난민촌

방글라데시

인도

7

Nepal

히말라야의 도전과 희망, 네팔

📍 혹시 네팔 국기를 보신 적 있나요? 세계에서 유일하게 사각형이 아닌 깃발로 유명하죠. 삼각기 두 개를 연이어 세우고 초승달과 태양을 넣은 깃발이에요. 한눈에 봐도 단순한 의미는 아닐 거라는 생각이 들죠. 삼각기 둘은 네팔의 양대 종교인 힌두교와 불교를 상징해요. 삼각 모양인 것은 네팔 어디에서나 볼 수 있는 탑을 형상화한 것이고요. 달과 태양은 영원한 네팔을 염원하고 선홍빛 붉은색은 네팔의 국화인 랄리구라스(lalguras)의 색으로 승리를 의미한다고 해요.

우리나라의 태극기도 심오한 철학과 다양한 의미가 담긴 국기로 유명한데, 네팔 역시 그 모양과 의미로 강렬한 인상을 주는 국기를 가지고

있죠. 히말라야의 고봉을 닮은 국기를 가진 네팔
에서 새로운 도전과 희망을 체험해볼까요?

네팔 국기

히말라야가 품은 나라

방글라데시와 네팔은 거리가 지척인데도 육로로
직접 가기는 다소 불편해요. 방글라데시는 삼각
주에, 네팔은 히말라야 산자락에 위치해 두 나라 모두 육상교통이 불편
한 편이거든요. 게다가 두 나라 사이에는 폭 20킬로미터, 길이 200킬로
미터 정도의 '실리구리 회랑(Shiliguri Corridor)'이라 불리는 인도 땅이 가
로막고 있어서 이동이 쉽지 않답니다.

　네팔은 인도와 같은 인도유럽어족의 네팔어를 사용하고 종교도 같
은 힌두교를 믿고 있어서 사실 한 나라가 될 수도 있었을 것 같아요. 그
런데 어떻게 분리되었고, 분리된 후에도 독립을 유지하고 있는 걸까요?
혹시 '맥마흔 라인(McMahon Line)'이라는 말을 들어보셨나요? 높디높은
히말라야는 그 자체로 거대한 두 문화권의 자연적인 경계가 되죠. 인도
문화권과 중국문화권의 경계인 셈이에요. 100여 년 전까지 이 지역은
확실한 경계 없이 두 문화권의 점이지대로 남아 있었어요. 두 문화권 주
변부에서 여러 민족들이 어울려 살았는데, 어느 날 대영제국이라는 거
대한 거인이 나타나 자신들의 편의대로 선을 긋기 시작한 거죠. 그 선들

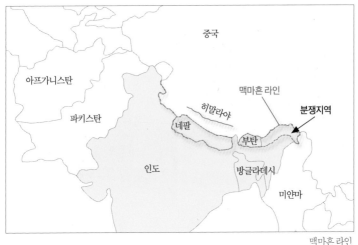

중 하나가 맥마흔 선이에요. 지리적인 위치 때문에 선을 그을 수 없는 곳에 면을 남겨두었고 그곳에 네팔이나 부탄 같은 나라가 존재하게 된 거죠.

　네팔과 부탄을 끼고 있는 지역을 제외하면 인도와 중국 사이의 국경은 확정된 곳이 거의 없이 서로 자기네 땅이라고 우기고 있어요. 그러니 양국 사이가 좋을 리 없겠죠? 어쨌든 네팔과 부탄은 완충국가가 되는 셈인데, 이런 완충국가의 대표적인 역사적 사례를 꼽자면, 영국과 러시아 세력 사이의 아프가니스탄, 영국과 프랑스 세력 사이의 타이 등이 있답니다.

　자, 카트만두에서 본격적인 네팔 여행을 시작해보죠. 우선 '타멜 거리'부터 가볼까요? 이곳은 배낭여행객들의 중심지로 태국의 '카오산

카트만두

타멜 거리

해양성 고생물 화석

붉은기로 뒤덮인 거리

로드'와 쌍벽을 이루는 거리입니다. 전 세계 아웃도어의 전시장 같죠. 거의 한 집 건너 아웃도어와 등산용품 매장이 자리하고 있어요. 그만큼 히말라야가 네팔에서 중요한 위치를 차지한다는 의미겠지요.

곳곳에서 암모나이트 화석이나 삼엽충 화석을 볼 수 있어요. 내륙국가인 네팔에 어떻게 이런 해양성 고생물 화석이 많은 거냐고요? 히말라야 산맥과 티베트 고원은 인도 대륙과 아시아 대륙이 충돌해서 생겼거든요. 두 대륙이 충돌하기 전까지 그 사이에 테티스 해(Tethys Sea)가 있었어요. 이런 다양한 화석들이 그 증거인 셈이죠.

이따금 카트만두 거리는 붉은 기로 가득 덮여 있어요. 이른바 '격동의 새천년'을 맞고 있거든요. 2001년 6월 첫날, 지금은 박물관으로 사용하고 있는 왕궁에서 총기 사고가 일어났어요. 대부분의 왕족이 몰살당했죠. 이후 크고 작은 갈등 속에 공화정이 탄생했고, 오랫동안 왕정 폐지를 위해 내전을 벌여온 마오주의자들이 집권하면서 붉은 기들을 많이 내걸게 된 거예요. 그렇다고 너무 걱정하지 마세요. 네팔인들은 경제가 관광산업에 깊이 의존하고 있다는 것을 잘 알고 있어서 관광객들에게는 상당히 친절하니까요.

타멜 거리가 끝나면 '더르바르 광장(Durbar Square)'이 나오는데, 풍경이 확 바뀌는 걸 알 수 있을 거예요. 더르바르는 왕궁이라는 의미로 옛 카트만두 왕국의 중심 광장이랍니다. 네팔에는 크고 작은 왕국의 더르

더르바르 광장

바르 광장이 있는데, 카트만두, 파탄, 박타푸르 더르바르가 유네스코 세계문화유산에 등록되어 있죠.

📍
카트만두 분지의 세 왕국과 2015년 지진 피해

네팔 중심부 비옥한 카트만두 분지에는 세 왕국이 협력과 갈등을 반복하면서 나란히 위치해 있었습니다. 파탄 왕국, 카트만두 왕국, 박타푸르 왕국은 모두 카트만두 분지에 위치한 왕국이었죠. 그런데 18세기 초 카트만두에 수도를 둔 네팔의 샤(shah) 왕조에 의해 통일되었어요. 지금도 세 왕국의 중심이었던 더르바르 광장들은 유네스코 세계문화유산으로 지정되어 보존되고 있답니다.

키아누 리브스가 주연을 맡은 영화 <리틀 부다>의 촬영지로 유명한 이들 더르바르 광장은 2015년 4월 25일 대낮에 진도 7.8의 강력한 지진이 발생해 많은 피해를 입었습니다. 2016년 1월 방문했을 때 외형상 피해 상황은 상당 부분 복구가 되었고 평온해 보였지만, 이따금 부서진 잔해와 복원하는 유적지의 모습에서 당시 상황의 급박함을 느낄 수 있습니다.

하지만 지진 발생 후 관광객이 급감했으며 이런 이유로 네팔의 경제 상황은 매우 어려운 처지에 놓이고 말았습니다. 여기에 네팔 헌법 개정에 반발한 인도의 국경 통제로 기본적인 에너지 수급이 불안정해 교통비, 난방비 등이 급격히 상승하면서 체감물가는 두 배 이상 뛰었습니다. 주유소마다 볼 수 있는 긴 오토바이와 승용차의 행렬이 이들의 곤궁한 상황을 말해주고 있었답니다.

네팔의 목조 건축물과 섬세한 기둥 조각

히말라야 산자락의 국가답게 대부분의 건물이 목조 건축물이고 기둥과 창살의 조각이 무척 섬세하답니다. 불교 건축물 같기도 하고 힌두교 건물 같기도 하지요. 네팔은 두 종교의 점이지대라 두 종교의 요소가 건물에 두루두루 녹아 있는데요, '마주 데발(Maju Deval)' 같은 건물을 보면 외형은 불교사원에 가까운데 실제로는 힌두교사원으로 내부에는 시

마주 데발   시바 파르바티 사원

바 신의 상징이 있는 식이에요. '시바 파르바티 사원'도 개성을 가지고 있어요. 대부분의 힌두사원이 한 명의 주신을 모신 데 비해 시바와 파르바티 부부를 동시에 모셔놓은 사원이거든요. 네팔 왕국의 살아 있는 여신인 쿠마리(Kumari)를 모신 사원도 있어요. 신상이 아니라 살아 있는 여자아이를 여신으로 숭배하고 있는 거랍니다.

'스와얌부나트(Swayambhunath) 사원'도 전망이 참 좋습니다. 카트만두 분지 언덕 위에 우뚝 솟은 곳이기 때문이죠. 카트만두 분지가 한눈에 다 들어오는데, 맑은 날은 북쪽으로 히말라야의 연봉들도 줄을 지어 자태를 뽐낸다고 해요.

그런데 카트만두는 그다지 공기가 좋은 것 같진 않아요. 한낮인데도 박무가 끼어 있고요. 이건 카트만두의 지형적 특징 때문이랍니다. 히말라야 고봉에서 내려오는 산줄기가 감싸 안듯 카트만두를 둘러싸 분지를 만드는데, 그 분지는 히말라야에서 내려오는 차가운 공기를 담는 그

스와얌부나트 사원

쿠마리를 모신 사원

릇이 되어 '기온역전'에 의한 박무가 자주 끼게 되는 거죠. 기온역전이란 지형적인 이유로 찬 공기는 지표면에, 더운 공기는 상층에 위치해 대기가 안정된 상태로 유지되는 현상을 말해요. 그렇다 보니 자동차 배기가스 등이 분지지형 때문에 빠져나가지 못해서 오염이 심한 거랍니다.

독특한 탑도 볼 수 있어요. 돔 형태의 반구는 '스투파'라고 하는데요, 아마 인도 사르나트에서 보았을 거예요. 돔 위에 있는 네팔식 불탑이 보이시죠? 붓다의 눈을 상징하며 동서남북 사방으로 카트만두 분

스투파와 네팔식 불탑

지를 응시하고 있죠. 물음표처럼 보이는 것은 코이기도 하고 네팔 숫자 1을 나타내기도 해요. 모든 진리는 하나라는 의미라고 하네요. 눈 위의 열세 개 탑신은 티베트 불교에서 말하는 해탈의 과정을 상징한답니다.

마니차

'마니차'도 볼 수 있어요. 티베트인들이 돌리는 도르래인데, 항상 시계방향으로 돌려요. 한 번 돌릴 때마다 경전을 한 번 암송하는 의미라고 해요.

이번엔 세계적인 휴양도시 '포카라(Pokhara)'로 가보죠. 보이는 모든 곳이 거의 예술입니다. 앞으로는 호수요, 뒤로는 만년설을 이고 있는 고봉이 연속해서 펼쳐져요. 그야말로 최고의 휴양지답죠.

옥상마다 태양열 온수기가 설치되어 있는 것도 볼 수 있어요. 내륙국가에 비산유국이다 보니 대부분의 석유를 인도에서 들여오거든요. 석유 가격이 비싼 건 둘째 치고 수급 자체가 불안한 편이기 때문에 네팔 사람들은 대부분 태양열 온수에 의존하고 있답니다.

멋진 풍광을 한눈에 감상하려면 사랑코트 전망대에 오르면 돼요. 포카라 시내와 안나푸르나 연봉(連峯)이 한눈에 들어오거든요. 네팔 엽서 사진으로 많이 등장하는 마차푸차르 봉우리도 좀 더 가까이서 볼 수 있죠. 눈앞에 펼쳐진 만년설산이 안나푸르나 산군인데, 앞쪽으로 우뚝 솟은 산이 마차푸차르로 '물고기 꼬리'라는 의미라고 해요. 8,000미터가 넘는 안나푸르나 봉우리는 그 너머에 있답니다.

포카라에서 만나는 풍경

옥상에 설치된 태양열 온수기

마차푸차르 봉우리   하안단구에 위치한 마을들

아래로는 하안단구가 보여요. 단구마다 마을들이 있고요. 우리나라에서는 보기 힘든 풍경이지요. 하안단구란 하천 양안에 좁고 긴 계단 모양으로 형성되어 있는 평평한 지형을 말해요. 평지는 하천 바닥이 융기한 것이고, 절벽 아래 협곡은 융기에 의한 하천의 침식력 부활로 형성되죠. 지금도 인도 대륙이 아시아 대륙을 밀어올리고 있어서 융기가 심합니다. 그럴수록 하천의 하방침식력은 강해져서 양옆으로 계단 모양의 단구가 생기는 거랍니다.

포카라는 인구가 약 20만 명으로 네팔 제2의 도시랍니다. 앞으로는 '페와 호수(Phewa Lake)'가 있고 뒤로는 8,000미터가 넘는 안나푸르나 연봉을 끼고 있어서 세계적인 휴양지로 매년 수많은 인파가 몰리는 대표적인 관광도시죠.

포카라

사랑코트 전망대에서 본 단구면에 직접 가보면 하천 자갈들이 박혀 있는 걸

하안단구면의 돌리네

볼 수 있어요. 히말라야가 융기할수록 산사태가 심하고 그에 따른 하천 운반물질의 양이 많아져서 이렇게 퇴적물질도 많이 쌓이는 거랍니다. 단구면에는 돌리네가 있어요. 돌리네는 석회암 지형에 있는 깔때기 모양의 와지예요. 이곳도 석회암이 풍부한 카르스트 지형이 나타나는데, 산호나 조개껍질이 얕은 바다에서 쌓여 만들어진 석회암 지형은 화석과 함께 과거 히말라야 산맥이 바다 밑에 있었다는 증거가 되죠.

'파탈레 창고'라는 이름의 폭포도 특이해요. 폭포가 지하로 떨어지죠. 흐르던 하천이 갑자기 폭포를 만들어 지하 석회동굴로 사라져버리는 곳이랍니다. 카르스트 지형에서 볼 수 있는 '싱킹 크리크(sinking crik)'

파탈레 창고

라고 해요. 싱킹 크리크란 카르스트 지형(용식지형, 석회암지형)에서 볼 수 있는 하천으로 갑자기 지하로 사라져 석회동굴 내부로 흐르다가 어디선가 다시 지상으로 나오는 하천이에요. 스위스 여인 데비가 갑자기 불어난 물에 휩쓸려 사망한 사고 이후 보통 '데비스 폴(Devi's Fall)'이라고 부르기도 하죠.

근처에 티베트 난민촌도 있어요. 시간

셰르파와 포터　　　　　　　　트레커를 위한 체크포인트

내서 둘러보면 티베트인들의 생활상을 조금은 엿볼 수 있을 거예요. 말이 난민촌이지 티베트인과 네팔인은 구별하기 어렵고 열심히 사는 그들의 생활력 덕분인지 여타 네팔인 마을보다 더 잘사는 집들이 많은 것 같아요. 파탈레 창고와 그 주변 관광지에는 티베트 난민촌에 사는 티베트인들이 펼쳐놓은 상점에 화석과 보석 등 구경할 물건들도 많답니다.

자, 그럼 지금부터는 현지 가이드와 함께 안나푸르나 자연보호구역 트레킹을 해볼 거예요. 현지 가이드를 '셰르파'라고 해요. 원래 네팔 중동부 지역에 사는 티베트계 민족을 이르는 말인데, 그 민족 출신들이 고산 등정을 위한 가이드와 포터 역할을 많이 해서, 이 직업을 통칭하는 용어로 사용하게 되었죠. 3박 4일 이상의 일정으로 포터라 불리는 짐꾼과 함께하는 트레킹이라면 준비할 게 많지만, 당일 트레킹을 하는 데는 별로 준비할 게 없어요. 대바구니는 짐을 담는 용도이고 한 사람의 짐꾼이 두 트레커의 배낭을 담기 때문에 가능하면 배낭의 무게를 줄여주는 게 좋겠죠. 한 사람이 두 사람의 짐을 이고 간다는 게 좀 미안하기도 한데, 이들의 입장에서는 통상 10달러 이상의 일당을 벌 수 있는 일이 흔치 않아서 이런 일거리를 아주 반긴다고 해요. 여유가 있다면 가이드나 포터를 이용해줄 의미가 충분하답니다.

트레킹을 하는 데는 사진을 부착한 허가증(Tims Card : Trekkers Information Management System Card)이 필요해요. 네팔 국립공원 입장권을 겸하고 있죠. 각 지역의 체크포인트에서 국적과 이름을 적고 통과할 수 있어요. 번거롭게 느껴질 수도 있지만, 며칠씩 트레킹을 하고 위험구간도 많기 때문에 곳곳에 체크포인트를 두어 트레커의 안전을 관리하는 장치라고 보면 될 것 같아요. 트레킹 구간은 대부분 차량 통행이 힘든 지역이라 주로 당나귀들이 다녀요. 네팔은 차가 다닐 수 있는 지역보다 그렇지 못한 지역이 훨씬 많아요. 안나푸르나 베이스캠프까지 가는 데 보통 5박 6일이 걸린다고 하는데, 차가 다닐 수 있는 도로는 버스에서 내린 이후에는 찾아보기 어려워요.

네팔의 전통가옥

점판암을 이용한 기와

계단식 논   계단식 경지를 따라 흩어진 마을들

　트레킹을 하다 보면 네팔의 전통가옥을 만날 수 있어요. 앞에서 보면 2층 집인데 뒤로 가면 1층 집이에요. 경사가 심한 지역에 살기 때문에 경사면을 자연스럽게 이용한 거죠. 가옥 재료는 대부분 돌이고요. 히말라야 산맥은 바다 밑이 융기한 신기조산대 지역이라 점판암이 많아요. 점판암은 점토가 굳어진 퇴적암으로 높은 열과 압력에 의해 변성작용을 받아 장력과 강도, 내구력이 큰 암석이에요. 가로로는 얇은 판으로 쉽게 분리되지만 잘 깨지지 않는 성질이 있죠. 이런 점판암을 기와처럼 이용한 지붕을 많이 볼 수 있답니다.

　계단식 논도 보이네요. 꽤 근사한 것 같지만, 현지인들은 무리해서라도 외국(주로 한국이나 일본)에 나가 돈을 벌어 평지로 옮기고 싶어한대요. 많은 사람들이 평지의 넓은 땅을 구입하는 걸 목표로 삼는다고 해요. 어쨌든 계단식 경지를 따라 집들이 띄엄띄엄 분포해 있어요. 산촌(山村)이면서 동시에 산촌(散村)인 셈이죠. 대나무로 엮은 생활도구나 사람들 표정이 우리나라 농촌과 비슷해요.

모습은 조금 달라도 모두가 네팔인

트레킹을 하며 만나는 네팔 사람들을 보면 두 부류처럼 보여요. 인도 사람 같거나 티베트 사람 같거나. 평지 쪽은 인도 사람들이랑 비슷한 편이고, 산지 쪽은 티베트 사람들과 비슷하다고 해요. 하지만 생김새와는 무관하게 네팔인으로서의 정체성은 매우 강한 편이죠. 생김새가 조금 달라도 민족이나 종교 갈등 없이 아주 잘 어울려 지내거든요. 실제로 대부분 힌두교도이긴 하지만 불교도 같이 믿기 때문에 다툴 일이 별로 없답니다.

30분 거리마다 마을이 있고 마을에는 식당과 숙소가 있어서 트레킹하기에 불편은 없어요. 한국 음식도 있고 모든 지역에 한국 라면이 준비되어 있으니까요. 돈이 넉넉한 사람이라면 포카라에 있는 한국 식당에서 붙여준 요리사를 대동하고 4,000미터 베이스캠프에서 가자미조림 같은 걸 해먹기도 한답니다.

안나푸르나 트레킹을 하다 만나는 마을은 대부분 구룽족 마을입니다. 구룽족은 티베트족의 일파로 우리와 많이 닮아 있는데, 구룽족 음식

구룽족 마을의 빵　　　　　　　　간드룩 마을의 경치

으로는 빵이 독특해요. 밀전병에 길게 칼집을 내고 굽는 게 특징이죠. 그 빵을 히말라야에서 나오는 석청(꿀)에 찍어 먹으면 일품이랍니다. '간드룩(Ghandruk) 마을'은 말로 표현하기 힘든 경치로 유명하고요.

　오른쪽의 마차푸차르와 왼쪽의 안나푸르나 남봉 사이에 있는 계곡 속으로 들어가면 말발굽처럼 둥근 곳이 나오는데 그곳이 안나푸르나 베이스 캠프(ABC)로, 관광객이 들어갈 수 있는 가장 높은 곳이에요.

　간단하게 ABC(Annapurna Base Camp)로 가는 과정을 설명해볼게요. 포카라에서 차량을 이용해 '나야풀'이라는 안나푸르나 국립공원 입구에서 내린 다음, 바로 내리막길로 접어들어 계곡을 건너면 체크포인트가 있어요. 왼쪽으로 가면 푼힐로 가는 길이고 오른쪽으로 오르면 간드룩 마을이 나오는데 첫 번째 산등성이 마을입니다. 간드룩에서도 푼힐 가는 갈림길이 나와요. 간드룩 다음이 '촘롱(Chomrong) 마을'이에요. 전기를 쓸 수 있는 마지막 마을이죠. 이후부터 전기는 물론이고 더운 물도 사용하기 힘들어요. 촘롱 너머 4박 5일 정도는 씻지 않는 것이 좋아요.

안나푸르나 베이스캠프

안나푸르나의 환상적인 풍경

안 씻는 것도 고산병 예방법 중 하나니까요. 간드룩과 촘롱, 촘롱과 시누와 사이에 깊은 협곡이 있어요. 상당히 난코스랍니다. 협곡 하나를 건너는 것이 하루 일정이에요. 그런 곳을 이곳 아이들은 등굣길로 이용하는데, 그것도 막 뛰어다닌다고 해요. 일상이 이렇게 등산이니, 힐러리 경을 도와 최초로 에베레스트를 등정한 셰르파 텐징 노르가이(Tenzing Norgay) 같은 사람이 존재할 수 있었던 거겠죠. 시누와 마을 이후에는 평평한 길을 걷는 기분이고, 고도에 따라 상록수림, 관목림이 차례로 나타나면 그 이후로는 빙하가 만들어놓은 멋진 풍경이 펼쳐집니다.

빙하지형이 만들어놓은 U자형 계곡, 그 계곡으로 쏟아지는 폭포들, 빙하가 녹으면서 형성된 모레인까지 빙하지형의 경연장 같은 풍경이 펼쳐지는 거예요. 모레인은 빙하에 밀려온 토사가, 빙하가 녹은 후 말단부나 측면에 쌓여 형성된 언덕 모양의 퇴적 지형이랍니다.

그러면 베이스캠프에 도착하게 돼요. 안나푸르나 연봉들 사이로 빙하들이 모여 흐르는 환상적인 파노라마를 목격할 수 있답니다. 기회가 된다면 준비를 철저히 해서 한번 가보세요.

📍
히말라야 트레킹에 대한 상식

몇 가지 알아두면 좋은 점들이 있어요. 히말라야 트레킹의 만족도는 당연히 체력이 좋아야 높을 수밖에 없어요. 하지만 준비물에 의해서도 많이 좌우되지요. 트레킹은 봄, 가을 시즌이 절정이라 숙소 구하기가 어려워요. 특히 여름은 피하는 게 좋습니다. 우기에 해당해 비도 잦고 폭우에 의한 산사태, 도로 유실 등의 위험한 일들도 벌어지곤 하니까요. 산거머리도 골치랍니다. 겨울은 비시즌이라 숙소 구하기도 쉽고 가격도 낮아져요. 겨울 트레킹이라고는 해도 3,000미터까지 낮에는 반팔을 입어야 할 만큼 기온이 낮지는 않아요. 밤 추위가 문제죠. 준비를 단단히 해야 하는데, 아예 트레킹만을 위한 여행이 아니라면 그 또한 상당한 짐이 되겠죠. 그럴 때는 과감하게 대여점을 이용하는 게 좋아요. 신발은 한국에서 준비한 경등산화면 충분하고, 겨울용 침낭, 두꺼운 파카, 바람막이 점퍼, 등산 스틱 등은 대여가 가능하거든요.

산에 오를 때 체력보다 더 무서운 건 고산병이에요. 병이라기보다는 증세인데, 속이 메스껍고 심한 두통이 동반되며 최악에는 토하게 돼요. 이쯤 되면 위험해서 하산만이 답이죠. 가장 좋은 방법은 천천히 오르는 거예요. 일정을 길게 잡고 여유 있게 오르면 훨씬 안정적으로 갈 수 있어요. 또 트레킹 중에는 원시인처럼 사는 편이 고산병 예방에 도움이 된다고 해요. 따뜻한 물로 씻다간 죽을 수도 있다고 합니다. 가지고 간 선크림이나 튜브 고추장, 과자 봉지 등이 부푸는 걸 보면 우리 몸 상태도 대충 짐작이 가죠. 기압 차이로 몸속도 넓어져서 소변 배출이 잘 안 돼요. 그런 상태에서 따뜻한 물로 샤워를 하면 쇼크사를 당할 수도 있다고 하니 그냥 안 씻는 편이 자외선으로부터 피부도 보호하고 환경을 생각하는 일석이조의 방법이랍니다.

부처의 탄생지 룸비니 동산과 자연보호구역 치트완 사파리

트레킹을 마치고 시타르타 하이웨이를 달려 '룸비니(Lumbini)'로 가볼까요? 시타르타 하이웨이라고 해서 부처의 이름을 딴 '고속도로'라고 생각하면 오산이에요. 문자 그대로 높은 곳을 달리는 도로일 뿐이니까요.

네팔은 지리적으로 세 부분으로 나뉘어 있어요. 산악지역, 산록지

산록지역   테라이 평원

역, 평야지역이죠. 만년설과 빙설이 덮인 산악지역은 거주가 힘들지만 산록지역과 평야지역은 삶의 공간이에요. 하이웨이를 타고 산록지역을 내려오면 이제부터는 산을 볼 수 없는 평야지역이 펼쳐지는데 '테라이 (Terai)'라고 해요. 히말라야만 생각하고 네팔에 왔다가 테라이 평원에 있는 룸비니와 '치트완(Chitwan)'을 여행하고 나면 네팔에 대한 인상이 많이 바뀐답니다. 평야지역으로 가면 인구밀도도 높아져요.

　룸비니는 부처의 탄생지입니다. 각국 사원 구역부터 거쳐 가죠. 이곳에서 먹고 잘 수 있는데, 한국에서 템플스테이 하는 것과 비슷해요. 룸비니 대성석가사(www.ds-sukgasa.or.kr)는 다른 나라 배낭여행객들에게도 유명하답니다. 비용이 저렴한 데다가 식사까지 무료로 제공하니 인기가 많을 수밖에 없죠. 15년 이상 공사 중인 본당도 있어요. 각국 사원 구역에는 마치 불심이 깊다는 것을 서로 경쟁하듯 다양한 나라의 절들이 큰 규모로 지어져 있습니다. 중국, 베트남, 미얀마, 태국, 일본 절은 물론이고 독일 절도 있어요. 유럽에도 불교 신자가 제법 있다고 하거든요.

베트남 절

중국 절

독일 절

대성석가사

마야데비 사원과 아쇼카 석주

마야데비 연못

부처가 태어난 자리 표석

룸비니는 대성석가사를 중심으로 국제사원 구역과 그 아래 부처님이 탄생한 곳에 세운 마야데비(Mayadevi) 사원을 중심으로 한 성원 구역으로 나뉘어요. 마야데비 사원은 석가모니의 어머니인 마야 부인이 해산을 위해 친정으로 향하던 중 산통을 느껴 무우수(無憂樹)를 붙잡은 채 부처를 낳았다는 전설의 장소랍니다. 내부로 들어가면 유리관 속에 발자국 조각이 새겨져 있는데 부처가 태어난 자리를 나타내는 표석이죠. 한때는 엄청난 사원으로 번성하다 세월의 부침 속에 룸비니가 흙 속에 묻히게 되었는데 1896년 독일의 고고학자가 발견해 세상에 다시 드러났다고 해요. 그때 밀림에서 발견된 돌기둥이 '아쇼카 석주(Pillars of Ashoka)'인데, 이로써 부처의 역사적 실존이 증명되었다고 합니다. 아쇼카 석주는 부처의 설법지 사르나트에서 파괴된 채로 있었던 거예요. 아쇼카 왕은 대단한 불심을 가지고 있었던 것으로 알려져 있어요. 그는 인도 최전성기의 왕으로 정복 과정에서 수많은 사람들을 살상한 것에 대한 죄의식 때문에 불교에 귀의한 후 불교 성지마다 석주를 세워 기념했답니다. 덕분에 전설이 역사로 되살아나게 된 거죠.

📍
아쇼카 석주에 적힌 문구

"많은 신들의 사랑을 받고 있는 아쇼카 왕은 왕위에 오른 지 20년 만에 친히 이곳을 찾아 참배하였다. 여기가 붓다가 탄생하신 곳이기 때문이다. 그래서 돌로 말의 형상을 만들고 석주를 세우도록 했다. 위대한 분의 탄생지임을 기려 이 지역은 조세를 면제하고 생산물의 8분의 1만 징수케 한다."

마야데비 사원에는 티베트 사람이 가장 많이 보여요. 불심도 크고 접근성도 좋아서겠죠. 우리나라나 일본을 빼면 불교 국가 중에 성지순례를 다닐 만큼 경제력을 갖춘 국가가 드물다는 점도 있고요. 티베트는 그나마 가까우니 많은 사람들이 다녀가는 거겠죠.

사원의 연못은 마야 부인이 부처를 출산한 뒤 목욕했다는 그 연못이에요. 5세기 순례자들의 기록에 보면 "부인이 목욕한 연못은 거울과 같이 맑고 갖가지 꽃들이 다투어 피고 사람들이 물을 퍼 마신다"라고 적혀있다는데, 지금은 사실 세수하기도 어려울 정도랍니다.

자, 이제 마지막 여정으로 치트완 국립공원에 가보죠. 예전부터 국왕의 사냥터로 보전되어 역사가 깊은 왕립보호구역인 셈이에요. 동서 80킬로미터, 남북 25킬로미터의 광대한 면적을 자랑하고 코뿔소, 악어, 코끼리 등이 살고 있다고 해요.

네팔 남부 테라이 지역은 인구밀도도 높지만 인도와의 접경지역은

치트완 국립공원 사파리

밀림지대가 산재해 있어 야생 동식물들이 서식하기에 최적의 조건을
지닌 곳이랍니다. 워낙 넓어 다 돌아보기는 어렵고 각 여행사에서 운영
하는 다양한 프로그램에 참여하는 것이 가장 효율적입니다. 자연보호
를 위해 개별 여행은 금지되어 있고 모든 여행자는 프로그램을 통해서
가야만 하거든요. 테라이 평원에 살고 있는 소수민족인 타루족의 마을
을 둘러보는 프로그램, 카누 타기, 코뿔소 관람, 코끼리 정글투어, 코끼
리 사육센터 등등을 둘러보는 프로그램이 인기랍니다.

그중 코끼리를 타고 사파리를 지나는 프로그램이 인기 있는데, 코끼
리를 타고 있는지 버스 지붕에 올라타 있는지 모를 정도죠. 인도의 사르

나트, 방글라데시의 순다르반에서와 마찬가지로 여기서도 사슴은 원 없이 볼 수 있어요. 사슴은 이 지역 생태계의 주요한 축이에요. 육식동물의 먹이가 되기 때문에, 호랑이나 표범의 적정 개체 유지와도 밀접한 관련이 있죠. 아시아 코뿔소는 세계적인 멸종위기보호종으로 야생 상태에서 구경하기가 쉽지 않아서 보면 더더욱 감탄하게 된답니다. 아프리카 악어에 비하면 입이 작고 좁아 덜 무서운 악어들도 볼 수 있고요.

요즘 생태관광이 세계적인 추세죠. 천천히 둘러보며 현지 문화를 체험할 수 있고 지역 주민의 경제에도 도움이 될뿐더러 자연에 대한 인식도 재고할 수 있으니까요. 투어를 하면 보통 식사는 현지 주민들의 집에서 먹어요. 타루족은 인도유럽어를 쓰는 사람들이 오기 전부터 거주한 소수민족인데 다민족국가인 네팔에서 13퍼센트 정도의 비율을 차지해 의외로 수가 많습니다. 스스로 숲 속에서 사는 사람들이라 생각해요. 농사도 짓지만 사슴이나 멧돼지를 사냥하고 낚시도 하며 살아가는 소박한 사람들이랍니다.

자, 네팔을 끝으로 아시아 여행을 마칠까 합니다. 이번 아시아 여행이 멋진 자연과 함께 끝나는 것 같아 그것으로 아쉬움을 달래보려고 해요. 이번에 가지 못한 나라들은 다음 기회로 넘기고 이제 유럽으로 가볼까요? 유럽은 또 색다른 매력으로 다가올 테니 계속 기대해주세요.

네팔 대지진에서 배우다

앵커 2015년 4월, 네팔에서 있었던 대지진의 참상을 기억하실 겁니다. 2주기를 맞아 네팔 대지진을 다시 되돌아보는 시간을 마련했습니다. 네팔 카트만두에 나가 있는 기자를 연결해보겠습니다.

기자 네, 저는 지금 2년 전 지진으로 인한 피해가 여전히 남아 있는 네팔 카트만두에 나와 있습니다. 당시 규모 7.9의 강진과 10시간 가까이 연속적으로 발생한 60여 차례의 여진으로 인해 8,400명 이상이 사망했고, 1만 6,000명 이상이 부상당하는 등 끔찍한 피해를 남겼습니다.

앵커 왜 네팔에서 이런 대지진이 발생한 건가요?

기자 네팔은 대륙판이 서로 부딪치는 지점에 위치해 있습니다. 큰 지각판이 충돌하는 지점에 위치한 나라는 지진이 자주 발생하는데요. 네팔 지진은 인도판과 유라시아판이 충돌하면서 쌓인 스트레스가 강진의 형태로 에너지를 발산한 것입니다.

앵커 그렇군요. 규모가 상당해 피해도 컸지만, 지진으로 인한 피해를 조금은 줄일 수도 있었다고 하던데요.

기자 네. 카트만두는 피해가 가장 컸던 곳인데, 이 지역은 네팔에서 인구밀도가 가장 높은 곳임에도 불구하고 대부분의 건물이 흙벽돌로 지어져 지진 발생에 취약할 수밖에 없었습니다. 네팔은 급속한 도시화로 인해 주택이 부족해지면서 건물이 단시간 내에 지어졌고, 소득 수준이 상대적으로 낮아 건물 안전에 많은 비용을 쓸 수 없다 보니 내진 설계가 잘되어 있지 않습니다. 이제라도 지진 안전 대책을 철저히 세워 향후 발생할 피해를 최소화해야 할 것입니다.

네팔 주변 지각판 현황

유라시아판

네팔

진원지는 깊이 약 11km의 얕은 곳으로, 인도판이 유라시아판 밑으로 들어가면서 생긴 판들의 충돌로 지진 발생

규모 7.9

이란

중국

파키스탄

사우디아라비아

아라비아판

아라비아해

인도

인도판

소말리아

아프리카판

앵커 최근 우리나라에서도 규모는 이보다 작지만 지진이 몇 차례 발생했었지요?

기자 그렇습니다. 2016년 7월 울산 해역에서 규모 5.0의 지진이, 2016년 9월에 경상북도 경주에서 규모 5.8의 지진이 발생했습니다. 우리나라도 더 이상 지진 안전지대가 아니라는 점이 확인되어 지진 사고에 대한 대응 방안을 다시 정비할 필요성이 높아졌습니다. 🌐

—2017년 4월 25일

2부

다채롭고 개성 있는 문화의 산실, 유럽

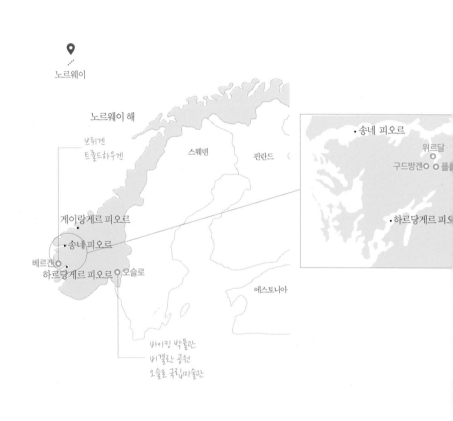

노르웨이

노르웨이 해

부뤼겐
트롤드하우겐

스웨덴

핀란드

게이랑게르 피오르

송네 피오르

베르겐
하르당게르 피오르　오슬로

에스토니아

바이킹 박물관
비겔란 공원
오슬로 국립미술관

송네 피오르

위르달

구드방겐　플롬

하르당게르 피오르

8

Norway

대자연의 경이로움과 여유로움, 노르웨이

📍 유럽 여행의 첫 번째 나라는 바로 노르웨이예요. 여러분은 노르웨이 하면 뭐가 먼저 떠오르나요? 북유럽, 바이킹, 피오르, 게르만족, 아문 젠……? 여러 가지가 있겠죠. 아무래도 노르웨이는 쉽게 가게 되는 나라는 아니에요. 그런 만큼 이번 기회에 노르웨이에 대해 꼼꼼히 알아보도록 하면 좋겠죠.

'노르웨이'라는 이름은 어떻게 탄생했을까요? 노르웨이는 '북쪽으로 가는 길'이라는 뜻인데, 8세기에서 11세기까지 이어진 바이킹시대에 바이킹족들이 해안을 따라 북쪽으로 가던 길목에 노르웨이가 있었기 때문에 그렇게 명명된 거라고 해요. 아마 오랜 세월 이동하던 바이킹족이 노르웨이의 순수한 대자연에 반해서 정착하게 된 게 아닐까 싶어요. 이처럼 아름다운 나라를 여행하려니 설레는 마음이 앞서네요. 우선 여행 코스는 노르웨이 제2의 도시인 베르겐부터 돌아보고, 그다음 수도 오슬로에 가는 걸로 잡아봤어요.

음악이 흐르는 항구도시, 베르겐

'베르겐(Bergen)'의 중심지역인 브뤼겐에서 여행을 시작해요. 마치 동화속 마을에 온 것처럼 빨강, 노랑 옷을 입은 건물들이 항구 주변에 늘어선 모습이 정말 예쁘답니다. 노르웨이에 무역하러 오거나 상업을 배우

동화 마을 같은 브뤼겐

러 온 독일 상인들이 거주하던 건물, 대구를 저장하던 창고, 무역사무소 등으로 쓰이던 것들이지요. 독일 상인들은 '한자동맹' 이후부터 거주했다고 해요. 중세시대 유럽의 상인 단체인 '한자(Hansa)'들이 성장하면서 도시들 간에 동맹을 맺은 것이 바로 한자동맹이에요. 한자동맹은 정치적·군사적 동맹이었지만 실제로는 경제적 연합의 성격이 강했죠. 베르겐은 1070년에 만들어진 도시인데, 12~13세기에는 노르웨이의 수도 역할을 하기도 했답니다. 이곳에 있는 건물들 중에는 한자동맹이 체결된 1360년대에 지어진 건물도 있다고 해요.

한 가지 눈여겨볼 점은 건물들이 전부 목조 건물이라는 거예요. 아마 침엽수림이 많은 노르웨이의 특성 때문일 텐데, 그 오랜 세월 화재 한 번 안 나고 이렇게 살아남았다니 참 대단하죠. 사실, 베르겐에서도 큰 화재가 몇 차례 있었어요. 그럴 때마다 많은 건물들이 불에 타 소실되었죠. 그래도 다행히, 베르겐의 역사가 화마에 휩싸이는 게 바람도 안타까웠는지 상업시대의 기억을 담은 이 건물들만은 불길을 피할 수 있었답니다. 그래서 유네스코 세계문화유산으로도 지정되어 있죠.

활기 넘치는 시장으로 가볼까요. 마치 타임머신을 타고 13세기로 돌아간 것 같은 느낌이에요. 역시 유럽 제일의 수산국답게 연어나 대구 등 생선을 파는 가게가

브뤼겐의 시장

푸니쿨라

제일 많이 보이죠. 시장 옆길로 올라가면 케이블카를 탈 수도 있어요. '푸니쿨라'라고 하는데 이걸 타고 10분만 올라가면 브뤼겐의 전경이 한눈에 내려다보인답니다. 멋진 경치를 보고 있노라면, 정말 바이킹 민족의 후예라도 된 것 같은 기분이 들죠.

아쉬운 점이라면, 햇빛이 있었으면 좋겠다는 정도예요. 흐린 날씨가 생기 넘치는 베르겐과는 어울리지 않는 느낌이 살짝 들기도 해요. 노르웨이에서 햇빛 쨍쨍한 날은 손에 꼽을 정도랍니다. 1년 중 275일 정도는 비가 오는 날씨거든요. 노르웨이는 추운 지역이라 우리나라 겨울처럼 건조할 거라고 생각한 분들이 많을 거예요. 하지만 우리나라는 겨울에 차가운 대륙 중심에서부터 북서풍이 불어와서 건조하고 추운 날씨가 나타나는 반면, 노르웨이 바다 주변에는 멕시코 난류가 흐르고 그 따뜻한 바닷물 위를 지나서 바람이 불기 때문에 비슷한 위도의 다른 지역에 비해서 따뜻하고 습한 날씨가 나타난답니다. 우리나라보다 훨씬 고위도에 있는 노르웨이지만 겨울은 우리나라보다 조금 더 춥고, 여름은 우리나라보다 조금 덜 더운 정도예요.

그러니 노르웨이를 여행하고 싶다면 5월부터 10월이 가장 좋아요. 겨울은 너무 길고 추울 뿐만 아니라 해가 늦게 뜨고 일찍 지기 때문에 관광할 시간도 부족하기 마련이거든요. 노르웨이 사람들은 햇빛이 쨍한 날이면 다들 야외활동을 하느라 바쁘답니다. 오죽하면 노르웨이에서 파업이 가장 많은 달이 5월이라는 말이 있을 정도겠어요. 이 시기엔 '베르겐 세계음악축제'를 비롯해 야외공연이나 문화행사도 많이 열리니 참고하세요.

📍
베르겐 세계음악축제(Bergen International Festival)

매년 5월 중순부터 6월 초까지 베르겐에서 열리는 국제 아티스트 축제로, 음악에만 국한하지 않고 오페라, 퍼포먼스 등의 다양한 장르들을 아우르죠. 유럽의 대표적인 예술축제 중 하나로 자리매김했으며, 특히 북유럽 출신의 세계적인 아티스트들의 공연을 만날 수 있답니다. 축제 기간 동안에는 공연장뿐만 아니라 시내 곳곳에서 매일 공연이 펼쳐져 음악으로 가득 찬 아름다운 베르겐의 모습을 즐길 수 있어요.

이곳에서는 여기저기서 '트롤' 동상을 볼 수 있어요. 트롤은 북유럽 신화에 나오는 거인 요정이랍니다. 다른 나라의 트롤은 괴물같이 무섭게 생겼는데 노르웨이의 트롤은 호기심 가득한 동그란 눈망울 때문인지 귀엽고 순진해 보이기까지 해요. 노르웨이 사람들은 트롤을 사랑해서 유명한 관광지에는 꼭 트롤 동상이 있어요. 노르웨이의 작가

트롤 동상

트롤드하우겐

헨리크 입센의 《페르 귄트》라는 작품에도 트롤이 등장하고, 노르웨이의 자랑인 음악가 그리그의 작품 중에도 트롤이 모티프가 된 곡이 있답니다. 그리그가 살던 집을 '트롤드하우겐'이라고 부르는데 '트롤의 집'이라는 뜻이에요. 그리그 덕분에 베르겐은 '노르웨이의 문화 수도'라고 불리기도 하는데요, 트롤드하우겐은 예쁜 경치로도 유명하니 한번 구경 가볼까요?

숲길을 걸어올라오니 숨은 차지만 경치가 끝내주게 아름다워요. 이렇게 아름다운 환경에서 작업했기 때문에 좋은 곡이 많이 나오지 않았나 싶어요. 곡을 쓰다가 머리가 아프면 쉬엄쉬엄 바닷가로 내려가서 머리를 식히고 올 수도 있고요.

그리그는 노르웨이가 사랑하는 음악가이자, 베르겐을 대표하는 음악가예요. 베르겐에서 태어나 베르겐에서 눈을 감았죠. 트롤드하우겐의 자택은 그리그가 부인인 니나와 함께 1885년부터 생을 마감한 1907년까지 22년간 살았던 집이랍니다. 그리그가 사용한 가구, 곡을 쓰던 방, 피아노, 악보, 사진들이 그대로 남아서 박물관이 된 거죠. 원래 152센티미터로 단신이었던 그리그의 동상도 보이고, 그리그 부부의 무덤도 만날 수 있어요. 사후에도 이처럼 아름다운 바다를 함께 볼 수 있으니 참 행복한 부부가 아닐까 싶네요.

베르겐은 그리그의 도시이기도 하지만 피오르 여행의 관문이 되는 도시이기도 해요. 지금까지는 노르웨이인들의 문화와 역사를 느꼈다면 이제부터는 사람의 흔적이 아닌 대자연의 경관을 감상하러 가보죠.

📍
에드바르드 그리그(Edvard Hagerup Grieg, 1843~1907)

그리그는 피아니스트였던 어머니의 영향으로 어릴 때부터 피아노를 배우고, 15세에 당시 유럽 최고의 음악 명문 학교인 독일 라이프치히 음악원에 유학해 작곡과 피아노 주법을 배웠어요. 코펜하겐에서 노르로크라는 음악가를 만나게 되고, 노르웨이 음악에 대한 그의 열정에 큰 영향을 받게 되었으며, 졸업 후 베르겐에서 작곡가와 피아니스트로 데뷔했어요. 이후 오슬로 음악원 부원장, 필하모니아협회의 지휘자 등을 겸하면서 작곡에 몰두했다고 해요. 여류 성악가 니나 하게루프를 만나 사랑에 빠져 결혼했고, 니나를 위해 안데르센의 시에 곡을 붙인 유명한 가곡 〈나 그대를 사랑해〉를 작곡하기도 했죠. 1885년부터 베르겐에서 조금 떨어진 트롤드하우겐에 집을 짓고 쇠약해진 몸을 요양하면서 작품 활동을 했어요. 1907년 세상을 떠나기 전까지 피아노 연주회를 이어왔으며 〈a단조의 피아노 협주곡〉, 〈노르웨이 무곡〉, 〈피아노와 관현악을 위한 협주곡〉 등의 유명한 작품들을 남겼답니다.

민족주의적인 작곡가들과 교류하며 독자적 작풍을 확립한 그리그는 작품 속에 민족음악의 선율과 리듬을 많이 도입하고 민족적 색채가 짙은 작품을 다수 만들어 오늘날 노르웨이 음악의 대표적 존재로 평가받고 있습니다.

빙하가 만든 아름다움의 절정, 피오르

노르웨이의 5대 피오르 하면, 하르당게르(Hardanger), 게이랑게르(Geiranger), 송네(Sogne), 노르(Nord), 뤼세(Lyse)를 말해요. 피오르는 겨울엔 관광을 할 수 없어요. 겨울은 춥고 눈도 많이 오고, 해도 일찍 지기 때문이죠. 길고 추운 겨울 동안 피오르를 덮고 있던 눈이 녹아내리는 5월부터 관광을 할 수 있으니 참고하세요.

하르당게르 피오르

가장 먼저 가볼 하르당게르 피오르는 '피오르의 여왕'이라고 불려요. 아기자기하고 예쁜 풍경 때문에 왕이 아니라 여왕이라는 수식어가 붙은 것 같아요. 봄이면 꽃이 피고 여름이면 푸른 나무가 산을 가득 채우거든요. 하르당게르 피오르 주변은 노르웨이에서 유일하게 사과나무 재배가 가능한 곳이기도 해요. 노르웨이는 고위도이기 때문에 위도가 낮고 따뜻한 일부 지역에서만 자라는 사과가 엄청 귀해요. 그래서 사과 꽃이 피는 계절에는 축제도 열리고 농장에서 직접 재배한 과일로 만든 잼이나 주스도 맛볼 수 있죠. 인심 좋은 농장 주인을 만나면 시원한 사이다도 얻어 마실 수 있는데, 이곳의 사이다는 우리가 알고 있는 그런 음료가 아니에요. 사과 과즙을 발효시켜 만든 사과주거든요. 8월 하순에 수확한 사과의 과즙을 짜내 5~6개월 숙성시켜 만들어요. 자연스러움이 물씬 풍기는 상쾌한 맛이 딱 노르웨이의 자연을 닮은 듯하죠.

그럼, 이제 하르당게르 선착장에서 페리에 올라볼까요? 페리에서 보는 피오르는 정말 입이 다물어지지 않을 정도로 자연의 웅대함을 자아냅니다. 하르당게르 피오르는 상대적으로 규모가 작은 편인데도 장관을 펼쳐 보이죠. 빙하기에는 계곡이 전부 얼음으로 가득 차 있었는데, 그 얼음이 중력에 의해 하류로 이동하면서 주변의 산지를 깎아 깊은 U자 모양의 계곡을 만든 거예요. 그리고 후빙기에 빙하가 녹아 해수면이 높아지면서 계곡에 바닷물이 차오른 것이 바로 피오르랍니다.

우리나라에 이런 피오르가 없는 이유는 빙하가 없었기 때문이에요. 빙하기라고 해도 실은 지금보다 기온이 4도에서 5도 정도 낮았을 뿐인데, 노르웨이보다 훨씬 위도가 낮은 우리나라의 경우엔 빙하기에도 빙하가 존재하지 않았죠. 다만, 약 15,000년 전의 가장 마지막 빙하기에는 우리나라가 중국, 일본과 육지로 연결될 정도로 해수면이 낮아졌어요. 하천이 길어지면서, 하류에서는 낮아진 해수면에 얼른 다가가기 위해 침식이 활발하게 진행되었고 계곡이 깊게 파였어요. 그래서 우리나라는 해안선이 울퉁불퉁하고 섬도 많은 모양이 된 거죠. 우리나라처럼 빙하기 때 하천이 파놓은 계곡에 후빙기의 바닷물이 올라와서 만들어진 해안을 '리아스'라고 부르고, 노르웨이처럼 하천보다 훨씬 큰 힘을 가진 빙하가 파놓은 계곡에 바닷물이 올라와 만들어진 해안은 '피오르'라고 부르는 거랍니다.

📍
신비하고 경이로운 빛 오로라

오로라는 태양의 거대한 폭발이 일어날 때 우주 공간으로 분출된 입자들이 지구의 대기권과 충돌하면서 발광하는 현상을 뜻해요. 매번 다른 형태로 나타나는 오로라는 다양한 색을 띠는데 주황색, 보라색, 초록색이 주를 이루죠. 오로라는 북극을 비롯한 고위도 지역에서만 관찰되기 때문에 '북극광'이라고도 불립니다. 오로라를 볼 수 있는 시기는 겨울이 길어지는 늦가을부터 초봄까지이고, 가장 뚜렷하게 보이는 시기는 10월과 2월, 3월이에요. 특히 해가 진 후 밤 시간에 잘 보이기 때문에 오로라를 보려면 따뜻하게 입은 후 조명이 많은 지역이나 달빛이 잘 비치는 지역은 피해서 가야 해요. 또 오로라가 언제 나타날지 모르기 때문에 일주일 이상 머물러야 볼 가능성이 높아집니다.

이제 송네 피오르로 한번 가볼까요?

송네 피오르로 가려면 보스(Voss)에서 구드방겐(Gudvangen)까지 이동해야 해요. 가는 길에 노르웨이의 침엽수림과 호수 등 멋진 풍광을 볼 수 있으니 지루하진 않답니다. 노르웨이는 겨울이 길기 때문에 햇빛이 충분하지 않고 추운 환경에서도 살아남을 수 있는 침엽수림이 발달해 있어요. 노르웨이 삼림의 80퍼센트가 침엽수림이죠. 숲이 발달했으니 임업도 발달할 수밖에 없고요. 우리나라 어촌에서 대부분 어업과 농업을 겸하는 것처럼 노르웨이에선 어업과 임업을 겸하는 경우가 많아요. 노르웨이는 세계적인 임업 선진국이라 수출도 많이 하고 있죠.

자, 이제 송네 피오르를 즐겨볼까요? 송네 피오르는 여러 개의 피오르가 결합된 커다란 협만이에요. 깊이가 1,309미터, 길이가 204킬로미터로 노르웨이에서 가장 길고 깊은 피오르죠. 피오르 주변 산들의 높이는 무려 1,700미터에 달하는데, 노르웨이에서 가장 높은 산들이에요. 게다가 좌우가 완벽하게 U자 모양으로 대칭을 이루고 있어 웅장하고 거대하기가 말로 표현할 수 없을 정도랍니다. 이곳도 유네스코 자연유산으로 지정되어 있답니다.

피오르 앞쪽으로 마을이 보여요. '플롬 마을'인데, 동화책에 나올 법한 알록달록한 집들이 아기자기 모여 있는 모습이 참 예뻐요. 작은 마을이지만 큰 크루즈까지 정박할 만큼 많은 관광객들이 찾는 곳이에요. 송네 피오르의 지류인 아울란스 피오르의 가장 안쪽에 자리 잡고 있죠.

이제 '플롬스바나'라는 산악열차를 타고 뮈르달로 가보죠. 열차를 타

송네 피오르

플롬마을

로맨틱 열차에서 본 풍경

고 가는 중에 볼 수 있는 경치가 얼마나 아름다운지, '로맨틱 열차'라고
도 불린답니다. 이 산악열차는 경사가 심한 길도 잘 올라가요. 산비탈과
절벽을 오르내리다 보니 평균 경사도가 55도인데, 이 정도면 사람이 느
끼는 건 거의 수직에 가깝죠. 플롬스바나 자
체가 하나의 관광자원이라고 봐도 무방할 거
예요. 겨울에는 운항을 멈추는 피오르의 페
리들과 달리 플롬스바나는 운행한다고 해요.
횟수는 겨울철엔 하루에 네 번, 여름철에는
아홉 번가량이라고 하네요. 이 산악열차는
만드는 데만 20년이 걸렸대요. 터널만 스무

플롬스바나

개가 이어지는 길이니까요. 터널 구간이 많지만, 그래서 터널에서 나왔을 때 그림처럼 펼쳐지는 낭떠러지와 폭포의 전경이 더욱 환상적으로 느껴진답니다.

플롬스바나가 쿄스포센(Kjosfossen) 폭포에 10분 정차하는데, 얼른 내려서 폭포를 구경해야 해요. 쿄스포센은 높이가 99미터나 되는 웅장한 폭포거든요. 레이눙가 호수에서 흘러나오는 폭포의 힘은 수로터널을 통해 발전소까지 전달되죠. 무지개가 피어오르는 모습도 종종 목격할 수 있답니다.

쿄스포센 폭포

이제 다시 열차를 타고 위르달까지 가보죠. 열차 창밖으로 산 정상에 쌓여 있는 만년설을 볼 수 있어요. 위르달에서 보이는 집들은 집이라기보다 별장이라고 할 수 있어요. 노르웨이의 1인당 GDP는 세계 3위 정도이고, 실업률도 한 자릿수로 굉장히 낮아요. 휴가를 즐길 만한 경제적인 여유는 충분한데, 기후가 뒷받침되지 않는 거죠. 그러다 보니 날씨 좋은 휴가철만이라도 제대로 즐기려고 여기저기 별장을 만드는 문화가 생긴 거랍니다.

만년설과 별장

이렇게 멋진 노르웨이의 자연을 압축해서 볼 수 있는 투어를 '노르웨이 인 어 넛셀(Norway In a Nutshell)'이라고 해요. 베르겐, 보스, 구드방겐, 플롬까지 봤으니 '노르웨이 인 어 넛셀'을 모두 즐긴 셈이죠. 이제 다시 열차를 타고 플롬으로 가서 버스를 타고 브릭스달로 이동할 거예요. 브릭스달에는 위르달보다 훨씬 멋진 설원이 펼쳐져 있거든요. 특히, 가는 길에 볼 수 있는 래르달 터널이 장관이에요. 24.5킬로미터에 이르는 터널은 2010년에 스위스에서 57킬로미터의 터널을 개통하기 전까지 세계에서 가장 긴 터널이었어요. 터널이 길다 보니 중간중간 운전자를 위한 휴식공간도 있고 푸른 조명을 비춰주기도 해서 마치 이글루 속에 있는 듯한 느낌이 들 정도랍니다.

빙하가 만든 계곡의 호수

브릭스달(Briksdal) 빙하는 정말 굉장해요. 수만 년 전부터 쌓인 빙하인 데다가 유럽에서 가장 큰 빙하인 요스테달(Jostedal) 빙하의 지류랍니다. 더욱이 빙하가 파놓은 계곡에 만들어진 호수는 그야말로 장관이에요. 멀리 보이는 빙하가 녹아 고인 물이 호수가 되었는데 지구의 기온이 조금씩 높아지면서 생긴 현상이죠.

이제 트롤카를 타고 브릭스달렌 계곡을 올라가볼까요? 시원한 바람을 가르며 달리는 기분이 진짜 신나죠. 그러고 나면 브릭스달 빙하를 만나게 돼요. 약 1,950미터의 정상에서부터 조금씩 녹아내리는 물이 약 346미터에 있는 브릭스달브레바네 호수까지 흐르는 거죠. 예전에는 훨씬 큰 빙하였는데 지구온난화 때문에 빙하가 녹는 속도가 빨라지고 있

브릭스달 빙하

트롤카

대요. 그런데 빙하가 파란색으로 보이죠? 물론 눈이란 희게 마련이니 실제로는 흰색이겠지만, 시각적으로는 꼭 푸른색처럼 보인답니다. 빛의 파장 때문에 그런 거예요. 파장이 긴 붉은빛은 빙하 깊숙이 침투하지만 파란색은 파장이 짧아 깊이 들어가지 못하고 빙하 표면에서 산란되거든요. 그래서 우리 눈에는 산란된 파란색의 빛이 들어오기 때문에 빙하가 푸른색으로 보이는 거죠.

그럼 왜 우리가 흔히 먹는 얼음은 푸르지 않고 투명한 거냐고요? 두께 차이 때문이랍니다. 우리가 먹는 얼음은 두께가 얇아서 모든 빛이 통과해 투명해 보이는 거고, 빙하는 너무 두꺼워서 모든 빛이 통과하지 못한 까닭이지요. 지구온난화 때문에 이 아름다운 경관이 얼마나 오래 유지될 수 있을지 장담할 수 없다고 하니 안타깝네요.

자, 이제 피오르 중의 마지막 코스, 일곱 자매의 한이 서린 게이랑게르 피오르에 가볼 차례예요.

게이랑게르 피오르 역시 유네스코 자연유산으로 선정된 곳이에요. 폭포도 많고 자연경관이 아름다워 뽑힌 것 같아요. 일곱 자매 폭포도 한몫을 톡톡히 했죠. 일곱 자매 폭포는 일곱 개의 물줄기가 흘러내리는데 윗부분은 좁고 아래로 가면서 점점 퍼지는 모양이 마치 신부의 면사포처럼 보이기도 해요. 일곱 자매가 모두 결혼을 하지 못했다는 전설이 있어요. 한 총각이 어여쁜 일곱 자매에게 청혼을 했는데 이 자매들은 술을

총각 폭포

일곱 자매 폭포

게이랑게르 피오르

너무 좋아한 나머지, 술 마시느라 청혼을 받아들이지 못했다죠. 그래서 슬픔에 빠진 총각이 폭포로 변했고, 그 소식을 들은 일곱 자매 역시 맞은편에서 폭포가 되었다는 전설이랍니다.

자, 여기까지가 베르겐과 피오르 여행이었어요. 그럼 이제 노르웨이의 수도, 오슬로를 향해 가볼까요?

📍
노르웨이의 백야

노르웨이의 북부 지역은 여름이 되면 해가 지지 않는 '백야' 현상이 나타납니다. 한밤중에 열리는 음악회, 백야 크루즈, 백야 속의 골프, 백야 속의 낚시, 백야 사파리 등 백야를 즐기는 방법은 여러 가지가 있답니다.

① 백야 크루즈 : 핀마르크 또는 로포텐에서 새벽 크루즈를 이용해요.

② 노르곶 탐조 활동 : 노르곶 일대에서 여객선을 타고 새들의 섬인 스타판으로 이동합니다.

③ 북극권에서 즐기는 골프 : 로포텐 제도의 골프 링크에서는 밤새도록 야생동물들을 관찰하면서 골프를 칠 수 있어요.

④ 고래 사파리 : 노를란 주의 베스테롤렌은 백야 현상 속에서 고래 사파리를 즐길 수 있는 곳이랍니다..

⑤ 등산 : 하르스타 근교 카이펜까지는 가이드의 동행으로 안전하게 백야 등산을 즐길 수 있죠.

⑥ 낚시 : 백야 시간은 물고기가 많이 잡히는 시간이며, 연안 지역에서는 대부분 낚싯배 대여가 가능해요.

바이킹이 사랑한 오슬로, 문화를 사랑하는 오슬로

'바이킹'이란 말은 해적을 의미해요. 바이킹시대는 기원후 800년 즈음 시작됐어요. 원래 스칸디나비아 반도에 살던 노르만인들 중에서 모험을 즐기던 사람들이 높은 파도에도 끄떡없는 배를 만들어서 세력을 키워나갔던 거죠. 노르웨이는 높은 산맥이 많잖아요. 그래서 도로교통보다는 해상교통이 더 발달했던 거죠. 그러다 유럽 지역에서 군사력을 갖춘 국가들이 등장하게 되면서 200년 만에 막을 내리게 되었답니다.

이곳의 바이킹박물관에 있는 배들은 피오르에 묻혀 있던 바이킹의 배들을 건져 올려 전시한 것들이에요. '고크스타호'는 길이가 무려 23미터이고 폭은 5미터나 돼요. 돛이 달린 모습이 바이킹 선박의 가장 전형적인 모양을 보여주고 있죠.

또 부장품이 많이 발견되었던 배로 '오세베르그호'를 들 수 있는데, 이 배는 여왕이 50년 정도 사용한 배라고 해요. 여왕이 죽은 뒤에는 이 배 자체가 묘지로 사용되어왔다고 합니다. 장거리 항해에 가장 많이 이용되었던 '투네호'도 있어요. 항해를 많이 했던 만큼 바닥을 제외한 대부분의 부위가 많이 손상된 채로 발견되었죠. 모두 바이킹박물관에서 만날 수 있으니 꼭 한번 들러보세요.

항해하는 중에는 바이킹들이 어떻게 식사를 해결했을까요? 노르웨이는 음식문화가 그다지 발달하지 않았어요. 항해를 나갈 때는 음식이 부패하지 않도록 저장해야 했기 때문에 생선을 염장하거나 훈제해서

바이킹박물관

고크스타호

오세베르그호

보관하는 조리법이 많이 사용되었죠. 이 전통은 지금까지 전해져 여전히 훈제한 생선을 많이 먹는다고 해요. 그리고 방목해서 기른 소나 양으로부터 얻은 고기를 햄으로 만들어 저장해두고 먹기도 했어요. 특히, 아침식사를 중시하는 문화가 발달했는데, 빵에 고기나 치즈를 간단히 곁들여 먹곤 하죠. 야채나 과일은 생산량이 적어서 대부분 수입에 의존하고 있답니다. 지금처럼 저장시설이나 운송수단이 발달하기 전에는 거의 통조림으로 야채나 과일을 섭취할 수밖에 없었다고 해요.

이제, 오슬로가 사랑하는 조각가인 비겔란(Gustav Vigeland)을 만나러 가볼까요? 비겔란 공원에 설치된 그의 조각품들부터 만나보죠.

사람과 문화가 자연과 조화롭게 어우러진 비겔란 공원의 모습이 무척 아름다워요. 처음 이 공원이 만들어진 18세기 중반에는 여기가 개인 정원이었다고 해요. 20세기 초에 구스타브 비겔란이 직접 만든 분수와 조각들을 전시하면서 조각공원이 조성된 거죠.

121명의 사람 모양으로 이루어진 조각상 '모놀리텐'부터 한번 볼까요? 진짜 사람 크기의 조각들이 얽혀 있는데, 그중엔 아기도 있고 어른도 있고, 남자도, 여자도 있고 마치 세상 사람들을 모두 모아놓은 것 같아요. 전 세계에서 가장 큰 화강암 조각품이라고 해요. 높이가 17미터나 되는 이 조각상을 만들기 위해 스웨덴에서 원석을 가져오는 데만 6개월이 걸렸다고 하네요. 작업 기간은 무려 13년이 걸렸고요. 사람들은 이 조각의 아랫부분은 과거, 중간은 현재, 윗부분은 미래를 상징한다고 분석한답니다.

심술 맞은 어린이 조각상도 보일 거예요. '산나타켄'이라는 작품인데, 심술쟁이라는 의미예요. 잔뜩 화가 난 아기의 표정이 상당히 섬세하게 표현되어 있어서 이곳에서 가장 인기 있는 작품 중 하나라고 해요.

이렇게 사람들의 희로애락과 생로병사를 다양하게 표현했기 때문에 노르웨이 사람들이 비겔란을 사랑하고 자랑스러워하는 모양이에요. 안타깝게도 비겔란은 공원이 만들어지기 전에 세상을 떠났지만요.

📍
오슬로 시청

오슬로 시청도 들러볼 의미가 충분한 곳이에요. 1931년 착공이 시작된 오슬로 시청은 2차 세계대전 때 공사가 잠시 중단되었다가 오슬로 시 창립 900주년인 1950년에 완공되었습니다. 노벨평화상을 시상하는 곳으로, 2000년 故 김대중 대통령께서도 이곳에서 노벨평화상을 수상하셨죠.

자, 이번엔 오슬로가 사랑하는 작가 에드바르 뭉크(Edvard Munch)의 〈절규〉를 볼 수 있는 오슬로 국립미술관을 찾아가보죠. 왜 〈절규〉가 뭉크미술관이 아닌 국립미술관에 있는 거냐고요? 뭉크의 〈절규〉는 네 가지 버전이 있는데, 그중 두 개는 뭉크미술관에 있고, 하나는 개인이 소장, 나머지 하나가 여기 국립미술관에 있답니다.

국립미술관에는 피카소, 세잔 같은 유명한 화가들의 작품도 전시되어 있는데, 그중에서도 뭉크홀이 가장 인기 있어요. 뭉크는 뢰텐이라는

모놀리텐   산나타겐

오슬로 국립미술관

지역에서 태어났어요. 가정형편이 어려웠을 뿐만 아니라 어릴 때 어머니를 여의었고 또 누나의 죽음을 겪은 데다가 동생까지 정신병원에 입원해야 했을 만큼 불우한 삶을 살았죠. 어쩌면 이런 환경에서 오는 우울함을 그림으로 표현하면서 불안과 두려움을 극복했는지도 몰라요. 하지만 우울함을 싫어했던 히틀러가 뭉크를 퇴폐작가라고 탄압하면서 뭉크는 정신쇠약에 걸리게 돼요. 뭉크 스스로도 〈절규〉는 미친 사람만이 그릴 수 있는 그림이라고 말했다고 하죠. 〈절규〉의 배경은 피오르랍니다. 자세히 보면 보이죠? 거대하고 웅장한 피오르를 이처럼 음울하게 표현하다니 정말 대단한 작가라는 생각이 들어요.

📍
뭉크가 〈절규〉에 대해 남긴 일기(1892)

"친구 둘과 함께 길을 걸어가고 있었다. 해질녘이었고 나는 약간의 우울함을 느꼈다. 그때 갑자기 하늘이 핏빛으로 물들기 시작했다. 그 자리에 멈춰 선 나는 죽을 것만 같은 피로감으로 난간에 기대었다. 그리고 핏빛 하늘에 떠 있는 불타는 듯한 구름과 암청색 도시와 피오르에 걸린 칼을 보았다. 내 친구들은 계속 걸어가고 있었고, 나는 그 자리에 서서 두려움으로 떨고 있었다. 그때 자연을 관통하는 그치지 않는 커다란 비명 소리를 들었다."

〈절규〉는 도난도 여러 번 당했어요. 훔쳐간 작품을 겨우 찾아놓았더니, 또 무장강도가 잠입해 훔쳐가기까지 했고요. 다사다난한 뭉크의 그림처럼 노르웨이의 역사도 순탄하기만 했던 건 아니에요. 덴마크와 스웨덴의 지배를 받던 시절도 있었고, 1차 세계대전과 2차 세계대전에 휘말려 힘든 시기를 겪기도 했죠. 그런 경험들 때문에 주권 수호를 중요하게 생각해 유럽연합에도 가입하지 않았다고 해요. 지금처럼 세계에서 가장 잘사는 나라 중 하나가 되기까지 참 많은 노력을 해왔던 거죠.

뭉크의 작품 〈절규〉

하지만 단기간의 성장을 이루어내면서도 노르웨이인들에게는 조급함이 없어요. 어딜 가나 느긋하고 여유로운 모습이죠. 양적인 성장과 질적인 성장을 동시에 추구하려고 노력해온 결과라고 해요. 그래서 노르웨이는 지금도 대기업이 많지 않고 중소기업 위주로 산업이 발달해 있죠.

자, 이제 이쯤에서 노르웨이 여행을 마치고 영국으로 가보려고 해요. 방금 말했다시피 노르웨이는 유럽연합에 가입하지 않았기 때문에 유로화를 쓰지 않고 크로네를 사용하거든요. 그러니 가지고 있는 돈은 노르웨이에서 다 쓰거나 아니면 환전을 해야 해요. 물론 영국도 유로화를 쓰지 않기는 마찬가지지만요.

영국

스코틀랜드

대서양

스코트 모뉴먼트
에든버러 성
아서스 시트
스카치 위스키 익스피어리언스

○ 에든버러

북아일랜드

북해

아일랜드

잉글랜드

맨체스터 ○ 세필드

철강산업 도시 셰필드
메도 홀

웨일스

올드 트래퍼드
어바이스 센터
그라나다 방송국

○ 런던

트라팔가르 광장
버킹엄 궁전
웨스트민스터 사원
그리니치 천문대
카나리워프
도크랜즈
런던 쇼핑거리

9

England

❄

시간을 여행하는 도시 산책, 영국

📍 영국은 파운드화를 사용해요. 그런데 10파운드, 20파운드, 50파운드 등 지폐에 모두 영국 여왕이 그려져 있다는 사실, 알고 계신가요? 지폐뿐 아니라 동전도 앞면은 모두 영국 여왕, 그러니까 현재는 엘리자베스 2세가 새겨져 있어요. 영국이 입헌군주국이라는 걸 알 수 있는 대목이죠. 더 재미있는 것은 10년 정도의 주기로 화폐를 새롭게 발행하는데 그때마다 그해 여왕의 얼굴을 넣어 주조하기 때문에 화폐 속의 여왕도 나이가 들어간다는 거예요. 그러니 오래된 화폐에서는 젊은 시절 여왕의 모습을 볼 수 있는 거죠.

앞면이 여왕이라면, 뒷면에 그려진 인물의 면면도 만만찮게 화려해요. 초대 영국은행장인 존 후블런, 국부론의 저자 애덤 스미스, 《종의 기원》을 쓴 찰스 다윈 등등. 1970년부터 영국은 역사적인 인물을 기념하기 위해 화폐 뒷면에 새겨진 인물을 주기적으로 바꾸고 있답니다. 예전엔 뉴턴, 나이팅게일, 셰익스피어가 등장했고, 최근 새로운 지폐에 등장할 인물로 전 영국 총리 처칠과 영국의 대표 작가 중 하나인 제인 오스틴이 결정되었어요. 화폐만 봐도 영국이라는 나라의 성격과 강대했던 역사의 일면이 드러나는 것 같죠?

영국의 정식 명칭인 UK(United Kingdom of Great Britain and Northern Ireland)가 말해주듯이 영국은 잉글랜드, 스코틀랜드, 웨일스, 북아일랜드의 네 개 연방으로 구성된 연합 왕국이에요. 이제 본격적으로 여행을 다니며 영국이란 나라를 좀 더 자세히 들여다볼 거예요. 첫 번째 여행지는 영국 스코틀랜드에 위치한 '에든버러(Edinburgh)'입니다.

전통과 개성이 넘치는 스코틀랜드 에든버러

에든버러를 여름에 여행한다면 아침 일찍, 아니 거의 새벽부터 햇빛이 쏟아져 들어오는 경험을 하게 될 거예요. 주변이 훤해서 아침인가 하고 일어나보면 새벽 4~5시경일 때가 많죠. 해가 그렇게 빨리 뜨는 이유는 이곳의 위도가 높기 때문이에요. 스코틀랜드는 북위 56도에 위치하고 있거든요. 함께 영국을 구성하고 있는 잉글랜드, 웨일스, 북아일랜드보

프린세스 거리에서 본 스코틀랜드 국기   스코틀랜드왕립은행

다 북쪽에 있죠. 하지만 서안해양성 기후라서 고위도임에도 기온은 온화한 편이랍니다.

에든버러는 영국에서 런던 다음으로 관광객이 많은 도시예요. 15세기부터 현재까지 스코틀랜드의 수도이고요. 스코틀랜드의 정치, 행정, 문화의 중심지죠. 인구 규모로는 글래스고에 이어 스코틀랜드에서 두 번째이지만, 금융업은 영국 전체에서 런던 다음으로 발달해 있습니다. 스코틀랜드왕립은행(Royal Bank of Scotland)이 보이시죠?

스코틀랜드는 잉글랜드와는 다른 화폐를 써요. 잉글랜드, 스코틀랜드, 북아일랜드가 각각 다른 파운드를 쓰죠. 잉글랜드은행, 스코틀랜드은행, 아일랜드은행이 각각 독자적인 화폐를 발행하고 있거든요. 하지만 잉글랜드은행에서 발행하는 파운드만 국제 화폐로 인정되고 있기 때문에 그 외 파운드의 경우 외국에서는 환전이 불가능하답니다.

여러모로 불편할 텐데, 왜 화폐를 따로 찍느냐고요? 영국 내 각 지역의 문화 차이나 독립적 성향이 상당히 큰 까닭입니다. 지역마다 국기도 따로 쓴답니다. 스코틀랜드의 국기는 청색 바탕에 X자형 백십자가 그려진 모양이에요. 영국 국기인 유니언 잭에도 이 문장이 들어가 있죠. 유니언 잭의 문양은 잉글랜드, 스코틀랜드, 북아일랜드의 국기 문장을 합쳐 만든 것이니까요.

잉글랜드와 스코틀랜드가 통합된 지 300여 년 만에 스코틀랜드가 분리 독립을 위한 주민투표를 결정했어요. 스코틀랜드가 잉글랜드에게 대승을 거뒀던 배넉번 전투(Battle of Bannockburn)의 700주년이 되는 2014

스코트 모뉴먼트

년에 실시했죠. 스코틀랜드의 독립 항쟁은 멜 깁슨 주연의 〈브레이브 하트〉를 떠올리면 돼요. 영화의 주인공이 실존했던 인물인 윌리엄 월레스인데, 반란군 지도자였던 그가 체포되어 죽는 순간 "자유(프리덤)!"라고 외쳤고, 그 죽음에 자극받아 이긴 전투가 바로 배넉번 전투죠.

하지만 주민투표 결과 독립은 부결되고 말았어요. 유럽의 경제 위기 속에서 독립을 원한 주민이 44.7퍼센트로 과반수를 넘지 않았답니다. 하지만 주민투표까지 진행되고 독립 찬성에 던져진 상당한 표를 보면 스코틀랜드의 독립성만큼은 여실히 증명된 셈이죠. 2016년에 영국이 EU를 탈퇴하는 '브렉시트'가 결정되고, 스코틀랜드 내에서는 분리 독립 투표를 다시 실시하자는 목소리가 높아지고 있어요.

스코트 모뉴먼트(Scott Monument)를 잠깐 보고 갈까요? 스코틀랜드가 자랑하는 문인 월터 스코트(Walter Scott) 경을 기념하는 탑이에요. 스코트 경은 역사소설 《아이반호》를 쓴 작가랍니다. 1884년에 조성된 고딕 양식의 탑인데, 높이가 약 60미터로 런던 트라팔가르 광장에 있는 넬슨 제독 기념비보다 일부러 약간 더 높게 설계한 거라고 해요. 잉글랜드에 대한 스코틀랜드의 자존심 표현이라고 볼 수 있겠죠.

📍
근대 교육, 과학, 사상의 중심지 스코틀랜드

스코틀랜드는 근대까지 교육, 과학, 사상의 중심지였습니다. 스코틀랜드의 계몽주의는 잉글랜드보다 훨씬 앞서 있었고, 교육 수준이 높아서 잉글랜드인들이 대학 교육을 받으러 스코틀랜드를 찾아오곤 했죠. 19세기 학위를 소지한 영국의 의사들 중 95퍼센트가 스코틀랜드에서 교육을 받았다고 해요.

스코틀랜드인들은 탐구정신이 강하고 창의성이 뛰어나 학문, 문학, 과학, 탐험 분야에서 두각을 나타낸 사람들이 많았어요. 《국부론》의 저자 애덤 스미스, 《보물섬》의 작가 로버트 스티븐슨, 《피터팬》의 작가 제임스 배리, 《셜록 홈스》 시리즈의 코난 도일, 최초로 증기기관차를 발명한 제임스 와트, 인류 최초로 남극을 탐험한 로버트 스코트, 아프리카를 탐험한 선교사 데이비드 리빙스턴, 최초의 전화기 발명자 그레이엄 벨, 페니실린을 발명한 알렉산더 플레밍, 이들 모두 스코틀랜드 출신이랍니다.

앵글로색슨족 중심인 잉글랜드와 켈트족 중심인 스코틀랜드 사이에

는 아직 앙금이 남아 있대요. 그래서 스코틀랜드 사람들은 영국인으로 불리기보다는 스코티시(Scottish), 즉 스코틀랜드인으로 불리길 원하죠.

에든버러는 구시가지와 신시가지가 조화를 이룬 도시랍니다. 이제 껏 걸어온 프린세스 스트리트는 에든버러의 구시가지와 신시가지의 경계예요. 사실 신시가지라고는 해도 구시가지와 비교해서 그런 것이지 역사가 오래된 곳이랍니다. 구시가지는 산업혁명 이전의 도심부이고, 신시가지는 산업혁명으로 도시가 성장하면서 18세기 이후 새롭게 조성된 지역이거든요.

프린세스 스트리트 남쪽, 에든버러 성과 로열 마일(Royal Mile)을 중심 축으로 형성된 시가지가 구시가지이고, 프린세스 스트리트 북쪽이 신시가지예요. 지도상으로만 봐도 토지 이용의 형태가 확연하게 갈라진답니다. 구시가지의 경우 약간 무질서한 반면, 신시가지는 처음부터 계획적으로 설계되어서 직선과 직사각형 광장의 형태가 주로 나타나요.

구시가지는 에든버러 성과 골목들, 중세의 고풍스러운 모습을 간직하고 있는 곳이에요. 산업혁명의 영향으로 기존 시가지로는 해결할 수 없는 문제들이 발생하자, 1767년부터 1830년까지 신시가지가 조성되었죠. 이후 북쪽으로 확대되어 총 3차에 걸쳐 만들어졌답니다.

초기의 신시가지는 주택지구로 개발되었지만, 1845년 신시가지 남쪽으로 철도가 들어서면서 각종 상업시설이 밀집하기 시작했어요. 이후 퀸 스트리트 북쪽으로 주택가가 형성되었고요.

구시가지의 마켓 스트리트처럼 구시가지 거리 지명에는 마켓이라는 글자가 많이 들어가요. 과거에 이 지역이 상업이 발달한 지역이었다는 걸 알 수 있죠. 신시가지의 경우엔 퀸 스트리트나, 조지 스트리트, 샬롯 스퀘어 같은 이름이 많은데, 당시 잉글랜드 왕실과 유대관계를 맺기 위해 왕실 가문의 이름을 그대로 쓴 지명들이라고 해요.

신시가지

구시가지

신시가지의 상업지구 에든버러 성

세인트 자일스 대성당 홀리루드하우스 궁전

로열 마일은 에든버러에서 가장 오래된 자갈길이에요. 에든버러 성에서 출발해, 존 녹스가 종교개혁을 이끌며 프로테스탄트를 보급시킨 세인트 자일스 대성당을 지나 홀리루드하우스 궁전에 이르는 1.6킬로미터의 길이랍니다. 관광객들이 주로 찾는 곳이라 상점이 많아요. 특히 스코틀랜드 민족의상인 킬트 판매점이 많답니다.

에든버러 성은 험준한 바위 위에 건축되어 우뚝 솟은 위엄이 대단해요. 오랜 세월 잉글랜드에 맞서 전쟁을 벌이며 지켜내려 했던 스코틀랜드인들의 자존심을 보는 것 같아요. 에든버러 성은 7세기에 에드윈 왕이 바위 위에 만든 요새에서 시작되었는데, 이 에드윈의 성이 후에 에든버러라는 명칭의 어원이 되었다고 해요. 영국 통합 전까지는 스코틀랜드 왕들이 즐겨 머물렀던 곳이었죠.

아서스 시트

매년 8월 3주간 에든버러 국제 페스티벌이 열린답니다. 거의 모든 예술 분야가 총망라된 축제인 데다 거리, 창고 할 것 없이 다채로운 공간에서 펼쳐지죠. 거리에서는 비주류나 아마추어들의 뮤지컬, 마임, 퍼포먼스 등을 자유롭게 관람할 수 있고, 에든버러 성 앞에선 야외무대를 세워놓고 밀리터리 타투(군악대 공연)가 열리기도 해요. 킬트를 입고 백파이프를 연주하는 군악대의 행진을 볼 수 있죠.

'아서스 시트(Arthur's seat)'도 봐야죠. 아더 왕의 의자라는 뜻인데, 산의 한쪽 옆면에 발달한 화산지형이에요. 솔즈베리 크래그(Salisbury Crags)라고도 불려요. 3억 5천만 년 전에 에든버러에 화산 활동이 있었고, 이후 바다에 가라앉았다 다시 솟아오른 다음, 여러 차례의 지각운동을 거치고 빙하의 영향까지 받으며 현재의 모습으로 만들어졌죠. 에든버러는 지질과 지형 면에서도 세계적으로 귀중한 장소인 셈이에요.

넬슨 기념탑과 국립기념비

칼튼 힐에서 내려다본 에든버러 전경

칼튼 힐에 세워진 넬슨 기념탑과 국립기념비도 보이네요. 국립기념비는 나폴레옹 전쟁 당시 전사자를 기념하기 위해 파르테논 신전을 모방해 건축한 기념비예요. 이곳에서 보는 에든버러 전경은 정말 멋지기로 유명해요. 에든버러 성에서 내려다보는 전경도 환상적이고요. 북해 연안 포스 만(Firth of Forth)까지 선명하게 보이죠. 이렇게 바라보면 도시 전체가 유네스코 세계문화유산에 등재되어 있는 이유를 바로 알 수 있답니다. 달리 북유럽의 아테네라 불리는 게 아니겠죠.

이제 성에서 내려가 스코틀랜드가 자랑하는 술, 스카치위스키를 만나러 가보죠. '스카치위스키 익스피어리언스(Scotch Whisky Experience)' 건물로 들어가봐요. 여기선 투어를 고를 수 있는데, 위스키 테이스팅을 하는 건 골드투어이고 만들어지는 과정만 보려면 실버투어를 선택하면 된답니다. 위스키는 맥아 및 기타 곡류를 발효시킨 1차주를 다시 증류하여 나무통(오크통)에 넣어 숙성시키는 과정을 거쳐요. 전시 공간에 3,500개 이상의 위스키가 있다고 하니, 위스키의 종류가 상당하겠죠? 위스키는 생산지에 따라서 스코틀랜드의 스카치위스키, 아일랜드의 아이리시위스키, 캐나다의 캐내디언위스키 등으로 종류가 나뉘어요. 또 각 지역마다 만드는 공장이나 제조사에 따라 또 다른 맛의 위스키가 나올 테니 종류가 다양할 수밖에 없죠.

그중에서도 특히 스카치위스키가 세계적으로 유명한 것은 위스키의 원료인 보리의 품질이 좋고, 맑고 신선한 물과 연료인 이탄이 풍부한 자연조건 덕분이랍니다. 스카치위스키는 스코틀랜드에서 재배된 원료만 쓰고, 인위적인 첨가물을 넣지 않고 천연원료의 맛을 그대로 살린다고 해요. 사실, 술에도 지리가 담겨 있답니다. 스카치위스키도 산업화되면서 원료의 구입과 생산은 스코틀랜드 공장에서, 저장은 글래스고에서, 판매 영업소는 런던 등 대도시에 입지한다고 해요. 이런 걸 바로 '공간적 분업'이라고 하죠. 생활 속의 경제 지리인 셈이에요.

산업혁명의 본고장, 맨체스터와 셰필드

영국의 기차노선도

웨벌리 기차역에서 '맨체스터(Manchester)'로 가려고 해요. 영국에서 철도는 특별한 의미가 있답니다. 산업혁명이 시작된 곳이 영국이고, 증기기관차와 함께 철도 시대가 열리면서 산업혁명의 물결이 주변 지역과 다른 나라로 확산되어 나갔으니까요.

영국에서는 철도의 역할이 무척 중요했죠. 기차노선도를 보면 전국이 촘촘한 그물망처럼 되어 있어서 마치 우리나라 지하철노선도처럼 보

인답니다. 철도의 역사도 오래되다
보니 우리나라처럼 공기업이 도맡아
운영하는 게 아니라 수많은 민간 철
도 회사가 노선별로 운영하고 있어서
복잡해요. 미리 예약해서 할인 혜택
을 받지 못하면 표 값이 너무 비싸고,
무엇보다 지하철 갈아타듯 갈아타야
목적지까지 갈 수 있어요.

완두콩이 곁들여진 피시 앤드 칩스

　영국의 먹거리에 대해서도 하나만 이야기할까요? 영국인들이 즐겨
먹는 음식 중 하나가 '피시 앤드 칩스(fish and chips)'인데, 이 음식이 영국
인들에게 사랑받게 된 데에도 철도의 역할이 컸답니다. 19세기 영국 노
동자들의 주식은 밀가루 죽과 삶거나 튀긴 감자였대요. 산업혁명이 일
어나던 내륙 도시들의 가난한 노동자들은 매끼 감자로 연명하고 있었
죠. 그런데 철도가 개통된 후 해안가의 생선들이 상하기 전에 도시로 공
급되게 되었어요. 철도 운행이 늘어날수록 더 싼값에 생선이 공급되면
서 어느 한 식당 주인이 새로운 메뉴를 선보였는데, 늘 먹던 감자에 튀
긴 생선을 하나 더 추가시킨 피시 앤드 칩스였던 거죠. 이 음식이 감자
만 먹다 질린 노동자들에게 대히트를 쳤고, 오늘날 영국의 가장 대표적
인 음식이 된 거랍니다.

　한때 해가 지지 않는 나라라 불릴 만큼 강대했고 오랜 역사와 전통을
자랑하는 나라의 대표 음식이 '피시 앤드 칩스'라니 좀 빈약해 보이긴 하

흐리고 비가 내려 일조시수가 적은 기후

죠? 우리나라가 김치나 불고기, 비빔밥 등 다양한 먹거리를 가진 것과 비교해봐도 그렇고요. 영국은 고작해야 피시 앤드 칩스나 샌드위치 정도니까요. 영국에서 왜 이렇게 음식 문화가 발달하지 못했나 하는 것에 대해서는 의견이 분분해요. 일조량이 적은 기후나 과거 빙하의 영향으로 척박해진 토양 등 자연환경의 영향이 클 것으로 보이고요, 산업혁명으로 인해 일찌감치 도시화의 바람이 불면서 농가의 전통적인 메뉴가 사라졌다는 분석도 있어요. 식민지에서 농산물을 조달했기 때문에 농업과 음식에 관심이 없었다는 설도 있고요.

맨체스터 하면 역시 우리나라 사람의 상당수는 박지성 선수가 뛰었던 맨유라는 축구팀을 떠올릴 거예요. 지금도 박지성 선수가 앰배서더로 활동 중인 맨체스터 유나이티드는 축구 종주국 잉글랜드에서 프리미어리그 우승이 가장 많은, 일종의 챔피언 위상을 지닌 팀이에요. 경기장이 그 유명한 올드 트래퍼드죠.

맨유 홈구장인 올드 트래퍼드

축구 이야기가 나왔으니, 하나 더 이야기하고 넘어갈게요. 보통은 국가별 단일팀이 월드컵에 출전하잖아요. 그런데 영국은 예선에 네 개 팀이 출전한답니다. 잉글랜드, 스코틀랜드, 북아일랜드, 웨일스 각각 독립된 축구협회를 가지고 있거든요. FIFA 창설 당시 하나로 통일할 것을 요구받자 아예 참여를 안 했죠. 그러다 네 개 협회를 독립된 회원국으로 받아주겠다고 허용하자 비로소 월드컵에 참여하기 시작했어요. 그러니까 프리미어리그도 영국의 리그가 아니라 잉글랜드의 축구 리그인 셈이죠. 올림픽에도 네 개 팀이 나오냐고요? 아무래도 올림픽은 국가 단위 대항이기 때문에 그럴 수는 없었고, 그래서 아예 출전하지 않았죠. 그러다 2012년 런던 올림픽에서는 주최국이었기 때문에 단일팀을 만들어 출전하게 된 거랍니다. 영국 축구대표팀이 출전한 건 52년 만이었다고 해요. 이것만 봐도 영국의 지역별 독립성은 정말 유별난 셈이죠. 축구 사랑도 유별나고요. 맨유 기념품 매장은 세계 각지의 관광객들이 찾아오는 명소랍니다. 명문 축구클럽인 동시에 세계를 대상으로 스포츠마케팅을 펼쳐 이윤을 내는 다국적 기업인 셈이죠.

산업혁명의 본고장 맨체스터

운하와 노후한 공장들

메트로링크　　　　　　　　　　　　　　　어비스 센터

　맨체스터는 영국 중앙부에 자리 잡고 있지만 잉글랜드로만 보면 북서부에 해당해요. 그리고 바로 이곳이 현대 인류의 역사를 바꿔놓은 산업혁명의 발생지랍니다. 그 흔적이 도시 곳곳에 남아 있어요. 전통적이고 고풍스럽던 에든버러와 달리 산업도시 특유의 건조함이 배어 있죠. 산업화 시절 이용했던 운하와 노후된 공장들도 보이고요. 이 도시는 섬유와 방직산업을 중심으로 발전해왔어요. 대영제국이 세계의 공장 역할을 하던 시대에는 단연 영국의 부와 위세를 상징하는 도시였죠.

　하지만 제2차 세계대전을 치른 후 신흥공업국들이 등장하면서 영국의 제조업이 쇠퇴하게 되고 맨체스터의 인구도 급격히 감소했어요. 반대로 실업률은 높아져서 도시 경쟁력이 떨어지게 되었답니다. 이에 맨체스터는 1980년대 이후부터 시 당국과 주민들이 힘을 모아 도시 살리기 운동에 나섰어요. 외국인 투자와 서비스업이 활기를 띠면서 서서히 예전의 활력을 되찾아가고 있죠. 도심부도 정비 및 관리를 통해 도시 재생을 위한 노력을 계속하고 있고요. 핵심은 과거 제조업 중심의 산업기

그라나다 방송국　　　　　도심 재생 사업을 진행해온 맨체스터

반을 서비스 및 레저산업 중심으로 전환해서 도심부를 활성화하는 거예요.

이 도심부는 1996년 아일랜드독립무장단체(IRA)의 폭탄테러로 파괴된 적이 있어요. 맨체스터는 이를 도심 재생의 기회로 활용했어요. '메트로링크(Metrolink)'라고 불리는 경전철을 도입하고, 보행자 중심의 쇼핑거리를 만들었죠. 대형 전시문화 공간인 '어비스(Urbis) 센터'도 웅장하게 지었고요. 세계적으로 유명한 드라마 〈셜록〉 시리즈를 제작한 그라나다 방송국도 있고, 아시아 음식과 문화를 접할 수 있는 차이나타운도 인상적이랍니다.

자, 맨체스터를 여행한 느낌이 어떠신가요? 산업혁명의 본고장인 맨체스터가 과거의 도시에 머무르지 않고 공간구조와 토지이용을 다양하게 바꿔내는 모습이 참 인상적이지 않나요? 그럼 이번엔 맨체스터와 마찬가지로 과거 산업도시로 이름을 떨쳤으나 새로운 도시 재생을 시도하고 있는 셰필드로 이동해봅시다.

도시 재생이 이루어진 셰필드   노동자들의 집들

　도시 재생이라고 하면 '셰필드(Sheffield)'도 빼놓을 수 없어요. 1970년
대까지 영국뿐 아니라 유럽의 철강산업 중심도시로 유명했던 곳이죠.
철강산업이 발달할 수 있었던 건 자원 덕분이에요. 강을 활용한 수력과
철광석이 풍부했거든요. 철강산업이 발달하던 시기에는 이 도시에 인
구가 급격히 증가했어요. 늘어나는 인구를 수용하려고 만든 노동자들
의 집들도 볼 수 있죠. 일률적인 모습으로 건설되어 있어요. 셰필드는
분지 지형이라 각종 매연을 피해 집들이 낮은 산지나 구릉 위에 터를 잡
았어요. 고소득층일수록 높은 곳에 거주한다고 해요. 아무래도 철강산
업이 발달하다 보니 화석연료 사용이 많았던 거죠.

　그렇게 번성하던 도시는 한국이나 일본 등 아시아 신흥공업국들과
의 경쟁에서 밀리며 쇠락하기 시작해요. 철강산업이 쇠퇴하며 산업구
조 조정으로 셰필드는 침체의 늪에 빠져듭니다. 통계에 따르면 1982년
부터 1985년까지 3년간 셰필드의 실업자가 2만 5천여 명에 달했고, 실

쇠락한 산업도시의 흔적들

메도 홀

메도 홀의 조형물

업률도 15.8퍼센트로 영국 평균 실업률을 훨씬 상회했다고 해요. 실업률이 높아지니 인구가 감소해서, 심한 지역은 사용 가능한 토지의 40퍼센트가 방치되어 있었다고 하고요.

쇠락한 산업도시의 흔적은 지금도 볼 수 있답니다. 과거 번성했을 당시 사용된 건물들이 폐허로 버려져 있죠. 셰필드로서는 기존의 철강산업을 대체할 새로운 산업이 필요했고 과감하게 문화산업도시를 표방하게 됩니다. 지난 20년간 지방정부는 도시 재생을 위해 다양한 사업을 펼쳤는데, 그중 가장 대표적인 사업이 '메도 홀(Meadow hall)' 건립이었어요. 버려진 제철소 터에 대형 쇼핑몰을 만들어 7천여 명의 고용창출 효과를 거둔 곳이죠. 보통 영국의 상가들은 저녁 6~7시면 문을 닫는데, 이곳은 밤 9시까지 운영되고 있답니다. 그래서 리즈나 맨체스터 등 주변 도시에서도 쇼핑하러 오는 사람들이 많아요. 비단 쇼핑뿐 아니라 문화적 소비 공간의 역할을 하면서 1980년대 들어 사라졌던 소비 경기를 되살리는 거점이 되고 있죠.

건물 중앙에 의미심장한 조형물도 있답니다. 철강산업에 종사하는 사람들의 모습을 담은 조형물이에요. 철강산업은 셰필드의 과거만이 아니라 현재의 산업이기도 해요. 과거만큼은 아니더라도, 철강산업의 현대화를 지속적으로 추진하고 있고, 여전히 유럽의 스테인리스 생산에 있어 주요 도시죠. 철강도시가 시대 변화에 맞춰 문화산업도시로 변모해가는 모습이 매력적이네요.

넬슨제독 동상

세계의 중심, 런던

드디어 런던을 방문할 차례입니다. 런던에서 가장 먼저 가볼 곳은 '트라팔가르 광장(Trafalgar Square)'이에요. 우선 동상이 보일 텐데요, 주인공은 바로 넬슨 제독입니다. 나폴레옹이 이끄는 에스파냐-프

버킹엄 궁전   웨스트민스터 사원

랑스 연합함대를 트라팔가르 근해에서 격파한 넬슨 제독을 기리는 광
장인 셈이죠. 우리에게 이순신 장군이 차지하는 위상만큼이나, 영국인
들에게 넬슨 제독은 존경받는 장군이랍니다.

　시내로 들어가보면 역시 버킹엄 궁전을 지나칠 수 없죠. 18세의 나이
에 왕위에 올랐던 빅토리아 여왕을 시작으로 지금까지 영국 왕실의 주
궁전 역할을 담당하고 있답니다. 매일 오전 11시 30분에 시작되는 근위
병 교대식은 아주 유명한 볼거리
이기도 해요. 근위병들을 뒤따
르는 기마병들과 말을 탄 여자
경찰들이 차도의 흐름을 제어하
는 모습이 위엄 있고 당당해 보
입니다.

　웨스트민스터 사원도 가까이

근위병 교대식

에 있습니다. 40명이 넘는 영국 왕들이 대관식을 거행한 장소로 유명하고, 1997년 다이애나 왕세자비의 장례식을 치른 곳이기도 해요. 영국 왕실의 희로애락을 함께 해오고 있는 곳이지요.

이제 런던의 명물을 봐야겠죠. 바로 빅벤과 국회의사당입니다. 템스 강을 따라 뻗어 있는 국회의사당의 총 길이는 무려 274미터나 된다고 해요. 빅벤은 15분에 한 번씩 국제 표준시를 알리는 종을 울리는데 수세기 동안 단 한 번의 고장이나 중단이 없었대요. 정말 대단하죠?

많은 관광객들이 그러듯이, 우리도 그리니치행 유람선을 타고 런던을 더 둘러보기로 해요. 먼저 런던아이(London Eye)가 보일 거예요. 1999년 밀레니엄을 기념해 만든 대형 회전 관람차인데, 높이가 135미터나 돼서 런던 시내 전체를 조망할 수 있답니다. 오래되고 고풍스러운 런던 이미지와 조금 언밸런스한 느낌은 있지만 인기가 많은 곳이랍니다. 2000년 밀레니엄을 기념해 만든 건 런던아이뿐만이 아니에요. 흔들다리인 밀

국회의사당과 빅벤

런던아이

밀레니엄 브리지와 테이트 모던 갤러리

타워 브리지

레니엄 브리지와 테이트 모던 갤러리도 있답니다. 버려진 화력발전소 건물을 개조해 현대적인 미술관으로 재탄생시켰죠. 지금은 세계를 대표하는 현대미술관으로 자리 잡았고요.

런던의 상징인 타워 브리지도 볼 수 있어요. 1984년 완성된 다리인데, 대형 선박이 지나갈 때면 가운데가 83도 들어 올려지는 개폐교예요. 템스 강이 주요 물류 이동통로였던 과거에는 다리를 수없이 올렸다 내리는 장면이 연출되곤 했다는 데, 지금은 하루에 한 번 하거나 개폐가 없는 날도 있어서 운이 좋아야 볼 수 있답니다. 꼭 보고 싶다면 홈페이지에 방문해서 미리 다리가 열리는 시간을 확인하고 가세요.

헬멧처럼 생긴 런던시청은 좀

런던시청

런던탑

튀어 보여요. 2002년 건설된 건물인데 워낙 독특하고 화려하게 지어져서 건축비가 만만찮게 들었던 터라 런던 시민들이 상당히 언짢아했다

그리니치 천문대

고 하는군요. 하지만 '유리 달걀'이란 별칭을 갖고 있는 시청사는 실은 멋진 디자인보다 '친환경 건축'에 주력한 결과라고 해요. 건물을 남쪽으로 기울어지게 지어서 자연광을 끌어들이되 직사광선을 피하도록 했고, 창문을 통해 원할히 자연환기가 되도록 했으며, 지하수를 재사용하는 등 에너지 효율을 극대화한 것이죠. 런던시청과 강을 사이에 두고

마주보고 있는 건물은 런던탑이에요. 과거엔 감옥이나 왕실 무기고 등으로 쓰였다고 하는데, 현재는 중세의 갑옷이나 무기들, 왕실에서 쓰는 화려한 보석들이 전시되어 있답니다.

유람선이 그리니치에 도착했네요. 지구를 동반구와 서반구로 나누는 본초자오선이 지나가는 곳이죠. 지구의 시간대를 나누는 기준인 경도 0도 라인에 서볼 수 있어요. 그러면 지구의 중간에 서 있는 셈이 되죠.

📍
그리니치를 세계 시간의 기준으로 삼은 이유

지리 탐사가 활발히 진행되기 시작한 16세기 후반 유럽에서는 항해용 지도가 많이 제작되었어요. 하지만 각기 자기 나라 기준으로 지도를 제작하다 보니, 나라별로 지구상의 같은 지점이라 해도 경위도가 달라지는 문제점이 발생한 거죠. 이런 불편을 해소하고자 1884년 미국 워싱턴에서 25개국 대표가 모인 만국지도회의가 열렸어요. 이 회의에서 일찍부터 자오선에 대한 연구를 해온 그리니치 천문대의 연구 성과를 인정하여 그리니치를 세계 시간의 기준으로 삼았다고 해요. 당시 세계의 바다를 제패한 명실상부 세계 최강국 영국의 막강한 힘이 배경이 되어준 것도 무시할 수 없는 요인이었겠죠.

이제 지하철을 타고 금융단지인 '도크랜즈(Docklands)'로 가볼까요?

런던 지하철은 세계 최초로 정비되어 런던 시내를 거미줄처럼 연결하고 있어요. 그래서인지 영국에서는 지하철을 서브웨이라고 부르지 않고, 튜브(Tube) 혹은 언더그라운드(Underground)라고 부르죠. 아무튼 도크랜즈를 구경해야 하니 일단 카나리워프(Canary Wharf)에서 내리는 게

그리니치 언덕에서 바라본 카나리워프

좋겠어요.

이곳 지명이 카나리워프가 된 배경은 이래요. 아프리카 북부 대서양 연안의 카나리 제도에서 과일을 수입하던 영국이 1937년 바나나 저장 창고를 지으면서 카나리라는 이름을 따서 지은 거죠. 카나리워프는 원래 부두나 슬럼가였는데, 노동당 정부가 들어선 1997년 이후 재무장관과 런던시장이 금융 특화도시로 성장시켰답니다. 그래서 현재의 런던 도크랜즈에 위치한 대규모 금융단지가 된 거예요.

정부는 카나리워프에 땅을 사서 빌딩을 지으면 세금을 깎아줬고 이곳에 들어와 기업 활동을 하면 지방세를 면제해주는 혜택을 주었답니다. 이런 낙후지역에 신부도심을 조성하기 위한 종합적인 도시 재생 사업을 펼친 거죠. 역에서 지상으로 나오자마자 빌딩 숲을 만날 수 있어요. 고층 업무용 빌딩들에는 세계 굴지의 금융회사들이 들어서 있어 세

도크랜즈의 중심부인 카나리워프

계 금융의 메카 런던을 제대로 만끽할 수 있답니다.

　도크랜즈 경전철(DLR)을 타고 시내로 돌아가보죠. 도크랜즈 경전철은 12.5킬로미터의 노선을 가지고 있는데, 그중 절반은 고가도로를 건설해 그 위에 레일을 설치했답니다.

📍
주목받는 도크랜즈(Docklands)

런던 도심에서 동쪽으로 8킬로미터 지점에 위치하고 있는 도크랜즈. 1880년대 런던의 관문 항구로 개발된 이곳은 1960년대 중반까지는 유럽의 가장 번성한 상업항구 중 하나였어요. 이후 정보화시대가 도래하면서 시설의 노후 및 수송형태의 변화 등으로 지역 경제가 급격히 쇠퇴하여 결국 폐허처럼 방치되어왔던 곳이죠. 이런 지역의 경제를 회복시키려고 1981년 런던도크개발공사(LDCD)가 설립되었고, 이후 이곳은 17년간의 재개발 끝에 약 2,700여 기업체가 입지하면서 런던의 새로운 금융 및 상업 중심지로 변하게 되었답니다.

특히 도크랜즈 중심부인 카나리워프에서는 최근 금융 및 첨단산업이 발달하고 있어 세계적인 주목을 받고 있죠. 글로벌 금융 허브 국가인 영국은 도쿄보다 9시간 늦고 뉴욕보다는 5시간 빨라 이상적인 금융시간대를 가지고 있대요. 즉 하루 동안의 전 세계 주식시장 흐름을 한눈에 볼 수 있는 유리한 지리적·시간적 위치에 있는 거죠.

*울산지리교사모임 <영국탐방기> 참고

　자, 이젠 런던 쇼핑거리를 한번 걸어볼까요? 피카딜리 서커스 앞에서 출발해보죠. 피카딜리 서커스는 런던 사람들의 약속 장소로 유명하답니다. 에로스 상 밑에는 항상 약속 상대를 기다리는 사람들로 북적이죠. 주변에 유흥 중심지인 소호 지구도 있고, 뮤지컬 공연장과 극장, 클럽, 카페, 상점 등이 밀집해 있거든요.

피카딜리 서커스　　　　　　　　리젠트 스트리트

리젠트와 옥스퍼드 스트리트를 중심으로 본드 스트리트까지가 영국 최대의 쇼핑거리예요. 현지인뿐 아니라 관광객들에게도 인기가 엄청난 곳이죠. 우선 우아한 곡선미가 돋보이는 리젠트 스트리트를 걸어볼게요. 건물의 모습, 장식, 높이, 재료 등 모든 면에서 통일감이 있죠. 육중한 회색 돌로 건축된 데다 동일한 높이와 형태로 줄지어 늘어서 있어서 굉장히 웅장해 보인답니다. 상점 간판들도 건물과 거리 분위기를 망치지 않으면서도 일률적이지 않게 조성해 다양성을 보여주고 있고요.

옥스퍼드 스트리트는 18세기에 처음으로 쇼핑도로가 되었어요. 옥스퍼드 거리의 토지 구획은 대형 상점의 웅장함을 강조하기 위해 한 필지에 한 개의 건물을 배치하는 식으로 조성되었죠. 고급 매장이 고풍스러운 분위기를 연출하는 리젠트 스트리트와 달리 현대인들에게 친숙한

옥스퍼드 스트리트   본드 스트리트

브랜드가 많이 입점해 있어요.

본드 스트리트는 런던의 고급 미술 경매의 중심지예요. 고급 명품 거리를 형성하고 있죠. 각 거리마다 고유한 개성을 자랑하고 있답니다.

코벤트 가든(Covent Garden) 근처에 멋진 서점이 하나 있어요. 2017년에 설립 164주년을 맞은 서점이에요. 세계에서 가장 오래됐고 가장 규모가 큰 지도 전문 서점, 스탠퍼드(Stanford)랍니다. 3층짜리 건물인데, 전 층 모두 지도와 각종 여행서적을 판매하고 있어요. 입구로 들어서면 바닥이 지도로 장식된 걸 볼 수 있는데, 전 층 바닥이 다 지도예요. 오래전부터 외국으로 여행을 많이 다니고 세계로 뻗어나간 영국인들이니 이런 서점이 탄생하지 않았나 싶어요. 일반인들이 쉽게 찾을 수 있는 지도 전문 서점이 한국에도 있으면 어떨까 하는 생각이 드네요.

서점을 나와 조금 걷다 보면 거리 곳곳에서 행위예술가나 마술사 등

거리 퍼포먼스가 펼쳐지는 코벤트 가든

이 거리 퍼포먼스를 펼치는 걸 구경할 수 있답니다. 코벤트 가든은 1년 내내 예술가들이 찾아와 각종 거리 공연이 끊이질 않거든요. 이 일대가 런던에서 유일하게 거리 공연이 허가된 곳이기 때문이죠. 각종 기념품을 파는 애플 마켓과 노천 식당들이 배낭여행객들을 반겨주는 곳이기도 하답니다.

영국을 여행하다 보면 자연스럽게 중세와 근대, 현대를 넘나드는 시간 여행을 하게 돼요. 글로벌한 쇼핑거리와 지역성이 강한 코벤트 가든처럼, 안 어울릴 것 같은 두 공간도 런던이라는 도시 안에서는 조화롭게 공존하고 있죠. 짧은 시간이었지만 영국 여행이 주는 느낌은 어떠셨나요? 볼거리도 많지만 도시 재생이라든지 나라에 대한 국민의 자부심 같은 걸 배울 수 있는 시간이었지 않나 싶어요.

그렇다면 이제, 열정이 넘치는 나라 스페인으로 떠나볼까요?

유럽연합 탈퇴냐, 잔류냐?
영국은 '브렉시트' 선택!

앵커 유럽연합 탈퇴를 묻는 영국의 국민투표가 2016년 6월 24일 전 세계의 관심 속에 이루어졌습니다. 결과가 궁금한데요. 런던에 나가 있는 특파원을 연결해보겠습니다.

기자 우려와 기대가 교차하는 가운데 영국인들은 브렉시트를 선택했습니다. 국민투표 결과 51.98%의 찬성으로 브렉시트(Britain + Exit)가 최종 결정된 것입니다.

앵커 독일, 프랑스와 함께 유럽을 대표하는 경제대국 영국이 EU를 탈퇴하는군요. 탈퇴 이유가 무엇인가요?

기자 영국은 유럽 대륙에서 떨어져 있는 섬나라로, 대영제국이라는 역사에 기초해 강한 자부심을 가지고 있습니다. 영국인들 중 상당수는 유럽연합이란 단일시장에서 자유무역을 추구하나 정치적 통합은 원치 않는 경향을 보였습니다. EU가 정한 법과 정책을 의무적으로 따라야 하는데, EU의 규제와 분담금이 과도하다고 생각한 것이죠. 특히 2008년 금융위기 이후 유로존 전반이 저성장에 머무르고 있다 보니 분담금은 느는 반면, EU 이사회에서 영국의 투표권 점유율은 8%로 입지가 좁다는 점이 불만이었습니다.

무엇보다 일자리를 찾아 몰려오는 이민자들과 시리아 및 중동 지역에서 건너오는 난민이 대규모로 늘고 있다는 점이 브렉시트 찬성의 결정적 이유가 되었습니다. 영국은 유럽연합에서 독일에 이어 이민자가 두 번째로 많은 국가입니다. 이민자가 계속 늘어 2014년 4월부터 1년간 영국으로 유입된 순이민자만 33만 명으로 추산됩니다. 브렉시트 찬성파들은 이들이 영국인들의 일자리를 뺏고, 복지 문제도 심화시켜

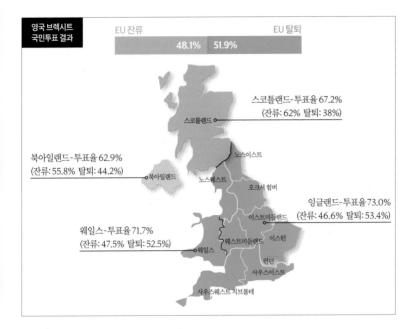

영국 브렉시트 국민투표 결과

EU 잔류 48.1%　EU 탈퇴 51.9%

스코틀랜드-투표율 67.2%
(잔류: 62% 탈퇴: 38%)

북아일랜드-투표율 62.9%
(잔류: 55.8% 탈퇴: 44.2%)

잉글랜드-투표율 73.0%
(잔류: 46.6% 탈퇴: 53.4%)

웨일스-투표율 71.7%
(잔류: 47.5% 탈퇴: 52.5%)

스코틀랜드
노스이스트
북아일랜드
노스웨스트
오크서 험버
이스트미들랜드
웨스트미들랜드
이스턴
런던
사우스이스트
사우스웨스트 지브롤테

이민과 난민을 막아야 한다고 주장합니다.

앵커 런던과 스코틀랜드, 북아일랜드는 유럽연합 잔류 여론이 더 높았네요.

기자 네. 스코틀랜드 62%, 런던 59.9%, 북아일랜드 55.8%로, 이 지역에서는 EU 잔류 표가 많았습니다. 브렉시트 반대파들은 영국의 전체 수출 중 EU 역내 수출이 45%를 차지하는 상황에서 유럽연합에 속해 있는 것이 분담금보다 더 많은 경제적 이득을 가져다준다고 주장했습니다. 또한 런던이 누려온 유럽 금융 중심지로서의 지위 또한 흔들릴 수 있고, EU 국가들과의 무역 장벽이 생겨 영국에 대한 글로벌 기업들의 투자가 줄어들 수 있다고 내다봤습니다. 이번 투표를 계기로 스코틀랜드와 북아일랜드에서는 영국으로부터 독립을 요구하는 목소리도 다시 들려오는데요. 특히 스코틀랜드는 지난 2014년 9월에 독립을 묻는 주민투표 결과 반대 55%로 영국에 남았던 전례가 있습니다. 브렉시트 이후 영국과 유럽연합이 어떤 행보를 하게 될지 주목됩니다. 🌏

―2016년 6월 24일

스페인

프랑스

카탈루냐

바르셀로나

지중해

포르투갈

람블라스 거리
사그라다 파밀리아
구엘 공원
카사 바트요
카사 밀라
몬세라트

스페인 광장
세비야 대성당
히랄다 탑
플라멩고

세비야
론다

그라나다

알람브라 궁전
헤네랄리페 별궁
나스르 궁전
카를로 5세 궁전
벨라의 탑
알바이신 지구

누에보 다리
투우장

콜럼버스의 항해가 시작된 열정의 나라, 스페인

📍 드디어 열정 가득한 스페인에 도착했습니다. 스페인은 영국 못지않게 축구를 사랑하는 나라로도 잘 알려져 있죠. 세계 4대 축구 리그 중 하나가 스페인 프로축구 1부 리그인 프리메라리가(Primera Liga)잖아요. 특히 '레알 마드리드'와 'FC 바르셀로나'는 우리나라에도 많은 팬들을 보유한 세계적인 팀들이죠. 그런데 이 두 팀은 사이가 그다지 좋지 않다고 해요. 예를 들어 바르셀로나에서 마드리드 유니폼을 입고 다니는 건 마치 우리나라에서 일본 축구 유니폼을 입고 다니는 것과 같다고나 할까요. 뭐, 축구 얘기는 이만 줄이고 본격적으로 스페인 여행을 떠나봅시다. 열정의 나라에서 가슴 뜨거워질 준비 되셨나요?

'세비야(Sevilla)'는 지중해에 가까워 지중해성 기후가 나타나요. 여름의 덥고 건조한 기후를 잘 견디는 올리브, 포도, 오렌지, 레몬 등의 나무를 주로 재배하죠. 그래서 가로수까지 오렌지 나무예요. 그런데 나무에 열린 오렌지를 따 먹는 사람들은 없어요. 오렌지의 품종이 달라서 가로수로 쓰인 건 관상용이거든요. 신맛이 강하다 못해 쓴맛이 나기 때문인데, 그래서 탐스럽게 열려도 아무도 따 먹지 않는 거랍니다.

우리의 첫 여행지는 '스페인 광장'이에요. 스페인 광장까지는 트램(노면전차)을 타고 가면 돼요. 스페인 광장은 〈스타워즈 에피소드 2-클론의 습격〉의 배경이 되었던 곳이랍니다. 우리나라 여배우가 플라멩고를 추며 CF를 찍기도 했던 곳이죠. 1929년에 개최된 라틴아메리카 박람회장으로 쓰기 위해 만든 거라고 해요. 전체적으로 아름다운 광장이지만 특히 채색 타일로 장식된 벤치가 아주 유명하죠. 맨 위에는 각 도시의 휘장이 있고 그림은 역사적인 사건들을 타일로 장식한 거예요. 그 아래 바닥에 그려진 건 그 지방의 지도고요. 스페인의 쉰여덟 개 도시가 쭉 그려져 있죠. 다른 도시에서 구경 온 스페인 사람들은 본인의 도시 그림을 찾아 기념사진을 찍곤 한다고 해요. 우리나라도 벤치마킹 해보면 좋을 아이디어 같죠?

식사 좀 하고 갈까요? 스페인에서는 메인 요리를 먹기 전에 작은 접시에 담겨 나오는 소량의 전채 요리를 먹을 수 있는데, 이걸 '타파스'라

스페인 광장

오렌지나무 가로수

채색 타일로 장식된 벤치

다양한 타파스 중 하나

고 해요. 스페인어로 타파가 '덮개'라는 뜻이거든요. 음식에 덮개를 덮어 먼지나 곤충으로부터 보호한 데서 유래한 명칭이에요. 스페인에서는 저녁 시간이 밤 9시 이후이고 종종 자정이 되기도 한대요. 그러니 퇴근 후 저녁때까지 상당히 많은 시간이 남아서 타파스를 간단히 먹는다고 하는군요. 점심 시간도 1시부터 3시 사이여서 12시쯤 사람들끼리 모여 담소를 나누며 타파스를 즐기기도 하고요. 전채 요리이니 양이 많지 않아 와인 한 잔 하며 먹기에 좋답니다. 와인 또한 스페인이 유명 산지라 맛이 일품이죠.

이제 배도 간단히 채웠으니, 스페인의 번영기에 지어진 '세비야 대성당'을 찾아가볼까요. 스페인은 전 국민의 약 74퍼센트가 가톨릭교를 믿고 있어서 성당이 많아요. 그중에서도 세비야 대성당은 무려 100년에 걸쳐 지어진 스페인의 대표 성당이죠. 바티칸의 산 피에트로 대성당과 런던의 세인트 폴 대성당에 이어 세계에서 세 번째로 큰 성당이랍니다.

까마득히 높은 천장을 만들기 위해 얼마나 많은 사람들이 고생했을까 싶을 정도예요. 이 성당은 원래 이슬람 왕국이 지배하던 시절에 지어진 모스크를 해체하고 스페인에서 가장 큰 성당으로 지었다고 해요. 그런 만큼 더 크고 웅장하게 지었던 거죠.

스페인에서 가장 큰 성당이 세비야에 지어졌다는 말은, 당시 세비야가 스페인의 중심지 중 하나였다는 의미겠죠. 세비야는 바다에서 과달키비르 강을 따라 100킬로미터쯤 들어온 항구도시예요. 당시 스페인은 한 개의 항구에서만 무역을 하도록 지정했고, 그게 바로 세비야였죠. 신

세비야대성당

대류의 금과 농산물, 아시아의 향료가 모두 세비야로 쏟아져 들어왔다고 보면 돼요. 그래서 15세기에서 17세기 신대류 무역의 중심지로 최고의 번영을 누렸던 거고요. 그 번영의 결과물 중 하나가 바로 세비야 대성당인 셈이죠.

　크리스토퍼 콜럼버스(Christopher Columbus)가 스페인 왕국의 후원을 받아 신항로 개척 시대의 첫 항해를 시작한 곳도 바로 이곳 세비야랍니다. 그래서 성당에 콜럼버스의 묘도 있어요. 조국인 이탈리아가 아니라 스페인 이사벨라 여왕의 후원을 받은 그는 항해에 성공해 스페인에 커다란 영광을 안겨주었죠. 덕분에 이곳 세비야 대성당에 안치된 거랍니

세비야 대성당의 웅장한 내부

콜럼버스의 묘

다. 관을 운구하는 조각상 넷은 15세기 당시 스페인을 구성하고 있던 레온, 카스티야, 나바라, 아라곤의 국왕들이라고 해요. 그들이 이고 있는 관 안에 콜럼버스의 유골분이 안치되어 있어요. 앞쪽 두 조각상의 발이 유난히 반짝거리는 걸 볼 수 있을 거예요. 오른쪽 발을 만지면 사랑하는 이와 함께 세비야를 찾게 되고, 왼쪽 발을 만지면 부자가 된다는 속설이 있어 많은 사람들이 만진 까닭이랍니다.

스페인의 영광을 간직한 세비야를 높은 곳에서 내려다보고 싶으면 '히랄다 탑'에 오르는 걸 권해요. 원래 모스크의 첨탑이었는데, 계단이 아니라 경사길이랍니다. 아랍인들이 말을 타고 정상에 올랐다는 애기 가 있어요. 숫자가 쓰여 있어서 1부터 32까지 번호를 세면서 올라가면 된다고 하네요. 탑 정상에 올라가면 세비야 시내가 한눈에 내려다보여 요. 오렌지 나무가 많이 보이는 데가 오렌지 안뜰이라는 곳인데, 원래 이슬람사원의 분수가 있던 곳이었죠. 성당으로 바꾸면서 분수를 허물 고 오렌지 나무를 심은 거랍니다.

스페인의 열정을 느낄 수 있는 플라멩고도 보러 갈까요? 스페인 전 역에 플라멩고 공연장이 있지만, 그중 안달루시아 지방이 플라멩고의 원조라고 해요. 플라멩고는 집시들의 예술이라고 푸대접을 받았지만,

히랄다 탑에서 본 세비야 전경

오렌지 안뜰

현재는 스페인의 전통예술로 여겨지죠. 춤과 기타와 노래가 결합된 종합예술이에요. 플라멩고 공연을 보니 관객들의 박수 소리와 올레의 추임새가 왠지 우리나라 판소리의 추임새를 떠올리게 해요. 춤 속에 열정과 인생의 희로애락이 담겨 있는 걸 보면 동서양의 문화가 뭔가 통하는 듯도 하고요. 외국에 여행 와서 그 나라의 전통공연을 보는 것은 정말 재미있고 의미 있는 일이 아닐까 싶어요.

플라멩고

이슬람 문화를 간직한 그라나다와 근대 투우의 시작, 론다

유럽에 현존하는 이슬람 건축물 중 최고의 걸작이 뭔지 아세요? 네, 바로 '알람브라(Alhambra) 궁전'이에요. 알바이신 지구에 올라가서 석양에 물든 알람브라 궁전을 바라보는 건 스페인에서 꼭 경험해봐야 할 것 중 하나예요. 그 웅장함에 절로 감탄사가 나올걸요. 그때 프란시스코 타레가의 기타 연주곡 〈알람브라 궁전의 추억〉을 들으면 감동이 더 크게 느껴진답니다.

📍 알바이신(Albaicin) 지구

알바이신 지구는 알람브라 궁전의 북쪽 언덕에 펼쳐진 거리예요. 아랍인이 살던 그라나다의 옛 건물이 상당수 남아 있죠. 이슬람교도들이 처음으로 요새를 쌓았으며 그라나다가 크리스트교도들에게 함락되자 이슬람교도들의 거주지가 되었습니다. 언덕 정상에 있는 성 니콜라스 전망대에서 알람브라 궁전을 조망할 수 있고요. 1984년 알람브라 궁전, 헤네랄리페 별궁과 함께 세계문화유산으로 지정되었답니다.

알람브라 궁전

알바이신 지구

　800여 년간 이슬람의 지배를 받았던 '그라나다(Granada)'는 이베리아 반도에서도 가장 번성했던 이슬람 도시이면서 이슬람 최후의 왕조가 있던 곳이에요. 1492년 가톨릭 왕조의 이사벨과 페르난도에 의한 국토 회복운동으로 그라나다가 함락되었죠. 1492년은 이사벨 여왕의 후원으로 콜럼버스가 신대륙을 향해 떠난 해이기도 해요. 크리스트교를 믿는 사람들에게는 기쁨과 영광이었겠지만 이슬람교를 믿는 사람들에게는 유럽 대륙의 마지막 영토를 상실한 아픔의 역사인 셈이죠.

　'헤네랄리페 별궁'도 보이죠. 왕비의 불륜 장면을 보았다고 처형당한 나무도 있답니다. 나무를 처형하다니, 뭔가 이상하죠? 이곳의 분수와 수로의 물은 모두 시에라네바다 산맥에서 눈 녹은 물이 흘러내려와 만

헤네랄리페 별궁　　　　　　　　　　　　처형당한 나무

들어진 거예요. 그래서 지중해성 기후의 더운 여름이면 왕들이 이곳으로 와서 더위를 피했다고 해요.

나스르 궁전은 알람브라 궁전과 별도로 또 예약을 해야 하는데, 궁전 안의 또 다른 궁전이라고 생각하면 될 거예요. 나스르 궁전에는 열두 마리의 사자가 받치고 있는 분수가 있는데, 이 사자는 물시계 역할도 했어요. 1시에는 한 마리, 2시에는 두 마리, 이런 식으로 사자 입에서 물이 나왔거든요. 이곳은 방마다 전설이 있어서 그라나다의《아라비안나이트》라고도 불린답니다. 궁전 안이 상당히 넓지만, 동선이 아주 잘 짜여 있어서 어렵지 않게 찾아다닐 수 있어요.

다음 구역은 카를로스 5세 궁전이에요. 이름에서 알 수 있듯이 카를

나스르 궁전의 사자가 있는 분수   카를로스 5세 궁전의 외부

카를로스 5세 궁전의 내부   벨라의 탑

로스 5세가 지은 곳으로, 건물 외곽은 정사각형인데 내부는 원형인 것이 특징이죠. 예전엔 이곳에서 투우가 열렸다고 해요. 요즘에는 여름마다 국제 음악제가 열린답니다.

　마지막 구역은 알카사바입니다. 이곳에 벨라의 탑이라 불리는 제일 오래되고 높은 탑이 있어요. 여기서 알바이신 지구가 잘 조망된답니다. 이 아름다운 궁전을 떠나갈 때, 이슬람 왕이 꽤 많은 눈물을 흘렸을 것만 같죠.

　조금 출출해졌다면 그라다다의 명품 간식, 츄러스를 추천합니다. 갓 튀긴 츄러스를 초코라떼라고 하는 뜨거운 초콜릿에 찍어 먹는 거예요. 얼른 먹고 다음 행선지인 론다로 가보죠.

'론다(Ronda)'는 크지 않은 도시지만 굉장히 아름다워요. 헤밍웨이가 작품을 썼던 곳으로도 알려져 있죠. 누에보 다리(Puente Nuevo)도 유명하고요. 누에보 다리는 신시가지와 구시가지를 이어주는 세 개의 다리 중 하나예요. 원래 다리가 무너진 후 새로 지어서 '새것'이라는 뜻의 '누에보'라고 불렀다고 해요. 그리 긴 다리는 아니지만 협곡이 내려다보이는 정말 멋진 곳이죠.

누에보 다리

투우의 시작이 된 투우장 또한 론다에 있답니다. 1785년에 개장한 투우장이에요. 이전에는 귀족들이 말을 타고 경기를 했는데 프란시스코 로메로가 지금과 같은 모습으로 바꾸면서 근대 투우가 시작되었다

론다의 협곡

근대 투우가 시작된 경기장

고 해요. 여기 투우장에는 투우사들의 의상과 사진 등을 전시해놓은 투우박물관도 있어요.

투우는 스페인 전역에서 열리는 경기지만 동물 학대라는 비판도 받고 있어요. 그래서 카탈루냐 주는 투우 경기를 폐지했다고 해요. 최근 스페인에서는 투우를 전통문화로 보아야 하는지, 동물 학대로 보아야 하는지에 대한 논란이 커지고 있답니다.

스페인 속의 또 다른 문화, 카탈루냐

이번엔 '바르셀로나(Barcelona)' 여행을 해볼까요? 우선, '람블라스 거리'부터 돌아보기로 해요. 람블라스 거리는 카탈루냐 광장에서 지중해가 시작되는 항구까지 일직선으로 난 거리예요. 중세시대 이전부터 바르셀로나의 중심지로 구시가 관광의 중심이라 할 수 있죠.

람블라스 거리에 있는 오래된 수도는 '카날레테스'라고 해요. 바르셀로나 축구팀이 우승하면 팬들이 모여 축하하는 장소이기도 하고, 이 수돗물을 마시면 바르셀로나에 다시 온다는 전설도 전해지고 있죠. 나중에 다시 이곳에 오고 싶다면 꼭 마시고 가야겠죠?

람블라스 거리에서는 근처 극장의 배우들이 분장을 하고 나와 관광객을 위한 포즈를 취해주기도 한다고 해요. 1유로를 주면 사진 촬영도 가능하다고 하고요. 거리 공연도 볼 수 있고 다양한 쇼핑도 할 수 있는

카날레테스

람블라스 거리

콜럼버스 기념탑

곳이죠.

멀리 보이는 높은 탑은 '콜럼버스 기념탑'이에요. 신대륙을 발견한 콜럼버스답게 바다를 바라보며 서 있는 게 아주 인상적으로 보여요. 바르셀로나는 바다를 끼고 있는 도시인 만큼 분위기도 좋고 마음이 아주 편안해진답니다.

사그라다 파밀리아 성당

수난의 파사드

탄생의 파사드

바르셀로나 하면 떠오르는 것으로 가우디가 만든 '사그라다 파밀리아 성당(Temple de Sagrada Familia)'을 꼽는 사람들이 많아요. 옥수수 모양으로 보이는 네 개의 탑은 바르셀로나를 대표하는 상징물이죠. 성당의 동쪽은 '탄생의 파사드', 남쪽은 '영광의 파사드', 서쪽은 '수난의 파사드'라고 해요. 파사드(facade)란 건축물의 주된 출입구가 있는 정면부로, 건물 전체의 인상을 드러내줍니다.

각 파사드마다 믿음, 소망, 사랑을 의미하는 세 개의 문이 있고 그 위에 두 개씩 짝을 이룬 네 개의 탑이 있어요. 세 개의 파사드가 모두 완성되면 열두 개의 탑이 되는 거예요. 열두 개의 탑은 예수의 열두 제자를 의미한다고 해요. 가우디 생전에는 '탄생의 파사드'만 완성됐고, 현재까지도 계속 짓고 있는 중이죠. 누군가가 "언제 성당의 완성된 모습을 볼 수 있나요?" 하고 물었더니 "이 성당 건축의 의뢰인은 하느님인데 그분은 영원한 생명을 사는 분이니 천천히 지어도 문제가 없답니다"라고 답했다는 이야기도 있어요. 물론 기부금만으로 짓고 있어서 늦어지는 면도 있고요.

그럼 탑 위로 올라가볼까요? 올라갈 땐 엘리베이터를 타고 가고 내려올 땐 걸어서 내려오면 돼요. 오르내리는 게 번거롭더라도 바르셀로나를 한눈에 볼 수 있고 조각들의 섬세함도 더 잘 느낄 수 있으니 꼭 올라가보세요.

내부의 기둥들이 꼭 나무처럼 보이네요. 하나의 나무에서 가지들이 뻗어 지붕의 무게를 감당하는 구조라고 해요. 화려한 스테인드글라스

내부의 기둥과 스테인드글라스

를 통해 들어오는 빛, 돔에서 들어오는 자연광과 어우러진 나무 모양의 기둥이라니……. 정말 바르셀로나 도심 속의 숲 같아요.

이제 또 다른 건축물을 보러 '구엘(Guell) 공원'으로 가볼까요? 바르셀로나를 한눈에 볼 수 있는 곳이 세 군데가 있는데요, 하나는 방금 올라갔던 사그라다 파밀리아의 타워엘리베이터, 또 하나는 몬주익 언덕, 마지막 하나가 이곳 구엘 공원이에요.

구엘은 가우디를 후원했던 사람으로 알려져 있어요. 구엘이 그리스의 팔라소스 산과 같은 신전을 만들어달라고 요청하면서 만들어진 공원이 바로 구엘 공원이랍니다. 심한 언덕 지역에 구불구불한 커브 길을 만들고 최대한 자연을 살려놓은 게 특징이죠.

기둥들이 꼭 그리스 신전의 기둥들 같죠. 위로 갈수록 가늘어지는 이 기둥은 속이 비어 있어요. 비가 오면 이 광장의 물이 기둥 속을 타고 내려가 도마뱀 조각상의 분수에서 내뿜어지도록 설계되어 있답니다. 자연현상을 자연스러운 방법으로 다시 순환시키려는 가우디의 노력을 엿볼 수 있는 대목이에요.

구엘 공원

이곳도 유네스코 세계문화유산으로 지
정된 곳이랍니다. 언덕의 경사에 기둥을 세
우고 돌로 둘러싸인 기둥 안에 흙을 채워
식물들이 자랄 수 있도록 한 곳도 있어요.
기둥 안의 흙과 식물들이 서로 지탱하면서
공존하게끔 만든 거죠. 자연과 조화를 이루
려는 가우디의 건축 철학이 잘 드러나 있답
니다.

이처럼 바르셀로나에는 가우디의 흔적

구엘 공원에서 본 바르셀로나

카사 바트요

들을 곳곳에서 찾아볼 수 있어서 가우디의 도시라고 부를 만한 것 같아요. 요셉 바트요라는 사람이 가우디에게 자신의 집을 보수해달라고 해서 새롭게 단장한 저택, '카사 바트요'도 그중 하나죠. 지붕을 자세히 보면 푸른 바닷속을 헤엄치는 물고기 비늘 같은 모양이고요, 흰색의 건물에 촘촘히 박힌 초록색, 황색, 청색 등의 유리 모자이크는 아침 해가 비치면 마치 지중해의 바닷속을 떠다니는 해초와 작은 동물처럼 보인다고 해요. 내부도 비슷한 모습이고요. 카사 바트요 또한 유네스코가 지정한 세계문화유산이랍니다.

'밀라 씨의 집'이라는 뜻의 '카사 밀라'도 꼭 둘러봐야 해요. 카사 바트요가 바다의 이미지라면 이곳은 부드러운 바위산이 떠오르는 곳이거든요.

카사밀라

바르셀로나에서 약 50킬로미터 떨어진 '몬세라트(Montserrat)'라는 곳도 빠트릴 수 없는 관광지 중 하나입니다. 원래는 바다였던 곳이 지각변동으로 인해 지금은 돌산의 모습을 하고 있어요. 이 돌산의 모습에서 가우디가 영감을 얻었다고 하더라고요. 몬세라트는 검은 성모상을 모신 베네딕투스 수도원이 있는 곳이에요. '에스콜라니아'라고 불리는 소년 합창단으로 유명한 곳이기도 하죠. 여행 책자들을 보면 합창단의 홈페이지(www.escolania.cat)도 소개되어 있어요.

보통 인터넷 주소의 맨 끝은 국가 도메인이잖아요? 우리나라가 kr로 끝나는 것처럼 스페인은 es로 끝나야 할 것 같은데 cat로 끝나는 게 좀 이상하지 않나요? 바로 카탈루냐(Catalunya)의 cat예요. 카탈루냐가 스페인 영토로 병합된 것이 15세기쯤이에요. 그런데 그 이후에도 카탈루

몬세라트

냐는 공식 문서와 공영 방송에서 카탈루냐 언어를 사용하고 현재도 독립을 주장하고 있죠. 그러니까 바르셀로나는 스페인 제2의 도시지만, 바르셀로나 사람들에게는 카탈루냐의 수도라는 느낌이 강하게 드는 거예요. 마치 스페인 속의 또 다른 나라 같다고나 할까요?

오징어먹물로 만든 검은 빠에야

슬슬 배도 고픈데 스페인에 온 만큼 빠에야를 안 먹고 갈 수야 없죠. 빠에야는 양쪽에 손잡이가 달린 프라이팬에 담겨 나오는 스페인식 볶음밥을 말해요. 특히 바르셀로나에서는 오징어먹물로 만든 검은색의 빠에야가 유명하답니

다. 그리고 상그리아와 하몬도 함께 맛보면 금상첨화겠죠? 맛있는 빠에

야를 먹는 것으로 스페인 여행을 마치고 다음 나라로 떠나볼까 해요.

상그리아(sangria)와 하몬(jamón)

상그리아는 적포도주에 소다수와 레몬즙 등을 넣어 희석시켜 만든 술이에요. 스페인의 대중적인 술로, 여러 가지 과일을 넣어 차게 해서 먹는 칵테일의 일종이죠. 스페인 전통음식인 하몬은 소금에 절여 건조한 돼지 다리로 만든 햄을 말해요. 스페인의 마트에선 다리 통째로 팔기도 하고, 조각내서 진공 포장된 것을 팔기도 합니다. 다른 것은 먹이지 않고 오로지 도토리만 먹여서 키운 돼지가 최상품이라고 하네요.

스위스

독일

반호프 거리
린덴호프 공원
리마트 강
프라우 뮌스터
그로스 뮌스터

프랑스

취리히

오스트리아

루체른

인터라켄

장크트 고트하르트 고개

피어발트슈테터 호수
카펠교
빈사의 사자상

이탈리아

라우터브룬넨
벵겐
융프라우요흐
그린덴발트

11

Swiss

알프스의 나라, 스위스

📍 《알프스 소녀 하이디》라는 동화를 기억하시나요? 하이디보다 빌헬름 텔이 먼저 생각난다고요? 두 사람 다 스위스 하면 떠오르는 대표적인 인물들이죠. 빌헬름 텔을 독일인으로 생각하는 분들도 많을 텐데 희곡을 쓴 실러는 독일의 대문호이지만, 빌헬름 텔은 스위스의 전설적인 건국 영웅이랍니다. 14세기 초에 스위스 우리(Uri) 주에서 게슬러라는 폭군을 몰아낸 위인이죠. 물론 실존 인물은 아닐 가능성이 커요. 하지만 스위스 사람들은 용맹한 건국의 아버지의 표상으로 빌헬름 텔의 영웅담을 자랑스럽게 여긴답니다.

자, 그럼 하이디와 빌헬름 텔의 나라, 스위스로 출발해볼까요?

제일 먼저 가볼 곳은 호수 사이의 마을, 인터라켄이에요. 'Inter'는 사이라는 뜻이고 'Laken'은 호수라는 뜻이거든요. 취리히에서 열차로 2시간 반 정도 가면 도착할 수 있는 도시죠. 높고 험준한 알프스 산 아래 빙하가 깎아 만든 호수들, 그리고 물안개가 자욱한 도시가 바로 인터라켄이랍니다. 툰 호수와 브리엔츠 호수 사이에 자리 잡은 아담한 도시인데, 그 이름처럼 참 아름다워요. 호수 남쪽으로 알프스의 3대 명산인 융프라우, 묀히, 아이거가 있는데, 이 산을 오르기 위해 베이스캠프 역할을 하는 곳이죠. 그래서 1년 내내 여행객들의 발길이 끊이질 않는다고 해요.

 인터라켄 동역에서 열차가 서면, 서역을 연결하는 회에베크(Ho-heweg) 거리를 따라 걸을 수 있어요. 동역보다는 서역이 더 번화해요. 시내를 형성하는 데가 서역 부근이라 호텔, 레스토랑 등 편의시설도 많고

인터라켄   인터라켄 동역

요. 대신 동역은 산악 마을과 전망대에 오르는 등산열차가 출발하는 곳이죠. 두 역 사이는 열차로 3분, 걸어서 20~30분 정도 걸려요. 한적하고 깔끔한 회에 거리를 걷다 보면 동역으로 들어오는 열차도 보이고, 알프스의 산, 강, 도시와 자신이 어우러져 마음까지 맑아지는 기분이 들 거예요.

BOB(Berner Oberland-Bahn) 등산열차를 타고 라우터브룬넨(Lauterbrun-nen)까지 가서 다시 열차를 갈아타야 하는 코스로 가볼 예정이에요. 최종 목적지는 융프라우요흐로, 융프라우 산 3,454미터에 위치해 있죠. 정상은 4,158미터니까 융프라우요흐가 가장 높은 곳은 아니에요. 게다가 융프라우는 알프스의 최고봉도 아니고요. 알프스 최고봉은 4,807미터의 몽블랑이거든요. 그런데도 사람들이 융프라우요흐를 '톱 오브 유럽(Top of Europe)'이라고 부르는 건 이곳에 유럽에서 가장 높은 곳에 위치한 열차역과 우체국이 있기 때문이에요.

회에 거리   아래 강을 건너는 열차

WAB

라우터브룬넨 역에서 노란색 산악열차인 WAB(벤게른알프, Wengernalp-bahn)로 갈아탑니다. 일명 톱니바퀴 열차라고 하는데, 산악지대를 다니는 열차가 경사면을 오를 때 미끄러지지 않도록 토블러라는 톱니가 잡아주는 역할을 하기 때문이죠.

라우터브룬넨 지역은 수직에 가까운 절벽들이 장관을 이루는 곳이에요. 폭포도 한 개가 아니라 여기저기 여러 개가 있죠. 수직으로 깎아지른 절벽은 아주 오랜 과거에 이 지역이 빙하에 덮여 있던 지역임을 말

라우터브룬넨의 슈타우프바흐 폭포

해줍니다. 빙하에 의해 깎여 만들어진 U자 모양의 골짜기에 현재는 마을이 자리 잡은 거랍니다. 산 위의 눈이나 빙하가 녹으면서 흘러내린 물이 절벽을 만나 폭포가 되어 흐르는 거예요.

그런데 절벽 아래 위치한 마을은 햇볕이 잘 들지 않는 단점이 있어요. 겨울철은 물론이고 여름철에도 일조 시간이 짧은 편이라고 해요. 라우터브룬넨 마을은 융프라우 산자락에서 가장 오래된 마을이에요. 마을 사람들은 전통적으로 목축업에 종사해왔는데, 최근에는 철도와 관련된 일을 많이 하고 있다고 해요. 눈이 많이 내리는 알프스에서 관광열차가 1년 내내 운행할 수 있는 건 이 마을 주민들의 노고가 크다고 볼 수 있겠죠. 특이한 점은 관광객이 많은 이 지역에 호텔이나 상업적 시설이 들어서지 않았다는 거예요. 정부가 이 지역에 새로운 건물이 들어서는 걸 엄격히 규제하고 있기 때문이죠. 새 건물이 들어설 때는 기존 가옥처럼 층수를 규제하고요. 그래서 마을이 원형 그대로 유지되고 있답니다.

어느새 '벤겐(Wengen)'에 도착했네요. 이곳은 1,275미터에 위치한 청정 휴양도시예요. 가솔린 자동차가 없는 도시로도 유명하답니다. 이곳의 차들은 전부 전기자동차예요. 병원이나 우체국, 식품점, 제설 작업 등 꼭 필요한 경우에 한해 전기자동차를 사용할 수 있죠. 매연을 내뿜는 가솔린 차량은 환경보호 차원에서 금지하

벤겐의 전기자동차

벤겐의 풍경

고 있어서, 아랫마을인 라우터브룬넨에 세워두고 올라와야 해요.

이곳에는 관광이 아니라 휴식을 취하러 오는 장기 투숙객이 많다고 해요. 주로 유럽인들로, 스키 같은 겨울 스포츠를 즐기러 오는 거죠. 여기서 문제 하나. 벤겐 마을의 주민 수가 2천여 명인데요, 크리스마스나 새해 등 휴가 시즌에 이곳을 찾는 관광객 수는 몇 명쯤 될까요? 주민 수보다 많으냐고요? 네, 그것도 상당히요. 평균 20만 명이래요. 굉장하죠? 그럴 땐 이 마을 대부분의 집이 숙소가 되는 거죠. 일반 가옥들도 대여가 된다고 해요.

스위스에는 시민들이 중심이 되는 마을 공동체를 '뷔르거게마인데'라고 하는데, 아름다운 삼림과 목초지 대부분이 뷔르거게마인데의 공유지라고 해요. 시민들은 공유지의 사용 수익권을 공동 소유하고, 많은 지역에서 산책로나 스키 시설에 토지를 제공하며 관광산업을 담당하고 있어요. 이 멋진 땅들이 대부분 개인 소유의 땅이 아닌 덕분에 난개발을 막고 아름다운 자연을 지킬 수 있었다고 해요. 자연 그대로의 모습이 가장 경쟁력 있다는 진리를 스위스 사람들은 잘 알고 있는 거겠죠.

이런 고지대에서 소들도 볼 수 있어요. 여름이 되면 농민들이 소떼나 양떼를 몰고 초목이 무성한 알프스 고지로 방목을 하러 올라왔다가 겨울이 되면 추위를 피해 평지로 다시 내려가는 거예요. 세계지리 시간에 배웠던 알프스 산지의 '수직적 이목', 기억나세요?

이런 목축업의 특성을 축제로 활용하기도 해요. 민족의상을 차려입은 마을 사람들이 알펜호른 연주에 맞춰 요들송을 부르고, 카우 벨을 울리며 소나 양을 산으로 몰고 가는 거죠. 여름에 열리는 '스위스 요들 페스티벌(Swiss Yodel Festival)'은 지구촌 축제로 거듭나고 있답니다. 스위스

수직적 이목

현지에서 듣는 요들송이라니, 정말 근사하지 않나요?

📍

요들(yodel)

요들은 스위스의 알프스 지방, 오스트리아의 티롤 지방, 독일의 바이에른 지방 등에서 즐겨 부르는 노래예요. 낮은 흉성과 높은 가성이 자주 또는 빨리 교체되는 독특한 창법으로 부르죠. 알프스에 사는 목동들은 서로 떨어져 있어 멀리 있는 사람에게 소리를 질러 자기 생각을 전달했다는데, 예를 들어 산에 늑대가 나타나면 서로 약속해둔 소리를 크게 외쳐 그 사실을 알렸다는 거죠. 요들송은 이처럼 목동들이 서로 주고받는 신호에서 발전되었다고 해요.

해발 2,061미터에 위치한 클라이네 샤이데크에서 융프라우 열차를 갈아타야 융프라우요흐 역에 도착할 수 있어요. 클라이네 샤이데크 역에서 3,454미터에 위치한 융프라우요흐 역까지 1,134미터 구간을 열차로 이동해야 해요. 아이거와 묀히의 암반을 뚫고 올라가는 길이죠. 이 융프라우 열차가 100여 년 전에 개통되었다는 사실, 믿겨지시나요?

클라이네 샤이데크

100여 년 전에 이런 열차를 설계했던 사람이 있었다는 게 신기하기만 해요. 아돌프 구에르첼러라는 사람인데, 그가 지하 암반 구간을 설계하면서 엄청 가파른 길을 가기 위해 '토블러'라는 톱니바퀴 레일 열차를 고안했다고 해요.

아돌프 구에르첼러(Adolf Guyer-Zeller)와 융프라우 열차

1893년 엔지니어였던 아돌프 구에르첼러는 딸과 함께 클라이네 샤이데크 역까지 왔다가 더 이상 올라갈 수 없자 실망하고 말았어요. 후에 그는 지상이 아닌 암반을 뚫고 가는 직선 코스를 계획했는데, 스위스 의회의 격렬한 찬반 논의를 거쳐 1896년 공사를 시작하게 돼요. 그러나 그 공사는 혹한과 강설, 공사대금 지연, 사고 등으로 인해 예상 공사 기간을 7년이나 훌쩍 넘겨 1912년이 되어서야 완공되었죠. 융프라우 열차는 1912년 8월 1일 스위스 독립기념일에 맞춰 개통했는데, 설계자 아돌프 구에르첼러는 공사 기간 중에 죽어 이 광경을 볼 수 없었다고 해요. 하지만 후세 사람들은 그의 덕에 열차를 타고 융프라우 산중턱에 올라 빙하지형을 체험할 수 있게 되었답니다.

드디어 유럽에서 제일 높은 융프라우요흐 역에 도착했어요. 얼음궁전도 구경하고, 스핑스 전망대에 올라 알프스 봉우리와 알레치 빙하지형을 체험해보면 된답니다. 특히, 스핑스 전망대는 태양열과 자체 발전소로 전기를 공급하고 하수 처리도 완벽히 해내는 친환경 시설이에요. 이 전망대는 관광용뿐만이 아니라 유럽 전역의 방송 전파를 중계하는 역할도 하고 천체관측소, 첨단연구소 시설도 갖추고 있죠. 하얀 설원과 거대한 빙하 앞에 서 있으려니 자연의 웅장함에 경외감이 들어요. 인간은 자연 앞에서 겸손해야 하는 존재

융프라우요흐의 빙하와 스핑스 전망대

그린델발트 풍경   스위스 전통가옥 샬레

라는 걸 실감하게 된답니다.

자, 이제 내려가야겠죠? 내려갈 땐 그린델발트 쪽으로 내려가기로 하죠. 그린델발트 쪽은 확 트인 풍경이 꼭 달력 화보를 보는 듯한 기분이 들어요. 스위스 전통 목조 가옥을 '샬레(Châlet)'라고 하는데 기찻길에 유난히 가까이 있어 손에 잡힐 것 같아요. 보통 3층짜리 목조 가옥인 샬레는 1층은 헛간이나 창고, 2층은 거실과 부엌, 그리고 3층은 침실로 되어 있어요. 눈과 비가 많은 곳이라 지붕은 경사지게 만들고, 처마는 길게 내렸죠.

스위스는 샬레의 전통을 자랑스럽게 여겨 개축이나 보수는 하되 함부로 허물지는 않는다고 해요. 샬레 지붕 밑을 보면 그 집의 역사가 숫자로 쓰여 있다는 것도 특이하죠.

자치 중립국을 선택한 스위스

스위스가 독립 국가를 유지해온 것은 그 자체로 참 대단한 것 같아요. 스위스는 동쪽으로는 오스트리아, 서쪽으로는 프랑스, 남쪽으로는 이탈리아, 북쪽으로는 독일 같은 정말 쟁쟁한 국가들과 국경을 접하고 있는 내륙 국가죠. 예를 들어, 이탈리아에서 독일로 가는 최단 거리를 생각해볼까요. 이탈리아의 밀라노에서 북상해 알프스의 장크트 고트하르트(Sankt Gothard) 고개를 넘은 뒤 루체른에서 취리히나 바젤을 거쳐 독일로 가는 거죠. 지금도 이 루트는 유럽 남북을 잇는 대동맥이에요. 산맥은 문화권을 나누는 경계가 된다는 거 알고 계시죠? 그래서 이 고개가 알프스 산맥으로 막힌 지중해 문화권과 북해·발트해 문화권을 연결하는 교통의 요지였던 거예요.

장크트 고트하르트 고개

스위스 건국 역사의 핵심은 알프스의 장크트 고트하르트 고개의 권익을 둘러싼 투쟁이었어요. 광대한 제국을 건설하기 위해서 이 고개를 장악했던 오스트리아 합스부르크가와 그에 대항해서 지역의 이익을 지키려고 했던 스위스인들 간의 투쟁이었죠.

📍
스위스 건국

스위스 건국은 1291년 8월 1일, 스위스 중부의 우리(Uri), 슈비츠(Schwyz), 니트발덴 (Nidwalden, 후에 운터발덴으로 명명), 이 세 개 주 대표가 당시 합스부르크가에 대항해 자치권을 지키고자 뤼틀리 언덕에 모여 영구동맹을 맺고 상호 원조를 맹세한 일에서 시작돼요. 이날을 기념해 8월 1일은 스위스의 건국기념일이 되었고, 슈비츠에서 스위스라는 나라 이름이 유래하게 된 거죠. 합스부르크가와 스위스 군대가 격돌하여 스위스가 대승을 거둔 모르가르텐 전투(1315년)가 유명합니다.

그 옛날 알프스 산악지역에 살았던 사람들은 척박한 땅에서 농사를 짓는 가난하고 힘없는 사람들이었죠. 여러 평야지역을 연결하는 통로에 위치해 있어서 많은 침략을 감수해야 했답니다. 스위스 사람들이 지켜낸 이 고개에는 괴셰넨과 이이롤로를 잇는 길고 구불구불한 자동차 터널과 철도 터널이 이어져 있어요. 고트하르트 도로 터널은 세계에서 가장 긴 도로 터널이라고 해요.

자동차 터널과 철도 터널 중 먼저 놓인 건 철도 터널이에요. 고트하르트를 관통하는 첫 번째 철도 터널은 이미 1882년에 개통되었답니다.

그렇게 시작된 알프스 철도의 역사는 오늘날까지 이어지고 있죠. 1996년 업그레이드 공사가 착공되어 2016년 세계 최장의 철도 터널인 고트하르트 베이스 터널(GBT)이 개통되었으니까요. 이 터널은 알프스를 관통하며 스위스의 남북을 잇는 철도 터널로, 알프스 산 정상에서 지하로 약 2,000미터 깊이에 57킬로미터에 달하는 길이랍니다. 실로 어마어마하죠? 이 터널은 도로로 운송하는 화물을 철도 쪽으로 돌려 매연을 줄임으로써 스위스의 자연환경을 보호하려는 목적을 가지고 있다고 해요. 스위스 취리히에서 이탈리아 밀라노까지 걸리는 시간도 1시간 줄어 2시간 반 정도라니 스위스인들이 자랑할 만하죠.

자, 루체른(Luzern) 역에 도착했습니다. 이곳에선 아름다운 호수의 도시를 감상해볼까요? 피어발트슈테터 호수(Vierwaldstätter See)가 눈앞에 펼쳐지기 때문이죠. 보통 루체른 호수라 불리는 이 호수 덕분에 더욱 매력적인 도시가 되었어요. 피어발트슈테터라는 이름은 스위스 최초의 네 개 주와 접하고 있다고 해서 붙여진 건데, 여기서 네개 주는 슈비츠, 우리, 운터발덴, 루체른주를 말하는 거랍니다. 햇빛에 반짝이는 빙하호가 리기 산, 팔라투스 산 등 알프스 산맥과 어우러져 최고의 경치를 선사해준답니다.

루체른

카펠교   카펠교 지붕 들보

　카펠교도 유명해요. 유럽에서 가장 오래된 목조 다리죠. 1333년 로이스 강에 놓였으니 오래됐다고 할 만하죠? 하지만 1993년 화재로 3분의 2가 소실되고 말았어요. 지금의 카펠교는 그 이후 복원한 모습이에요. 그렇더라도 카펠교는 그 역사와 특유의 우아함으로 루체른의 상징이 되었죠.

　다리 지붕 들보를 한번 보세요. 삼각형 그림이 죽 걸려 있어요. 스위스 역사상 주요 사건이나 루체른 수호성인의 생애를 표현한 판화 그림인데, 무려 112매에 달한다고 해요. 안타깝게도 이 그림도 화재에 소실되어 일부만 남았죠. 눈여겨볼 점은 복원할 때 타지 않고 남은 부분과 불에 그슬린 부분을 최대한 남겨두고 없어진 부분은 삼각형 널빤지만 두어서 화재 참사의 상처를 그대로 보존해두었다는 거예요. 화재도 이 공간의 역사라고 여겨서겠죠. 로이스 강 주변에는 온갖 꽃과 채소, 과일을 파는 장이 서 있고 그 뒤로는 한가로이 헤엄치고 있는 백조들도 볼 수 있답니다. 마치 동화 속 한 장면에 들어온 것처럼 아름다워요.

루체른 여행에서 빼놓을 수 없는 '빈사의 사자상'도 보러 가야죠. 빈사의 사자상은 자연석을 쪼아서 조각한 것으로, 1792년 프랑스혁명 당시 튈르리 공원에서 사망한 스위스 용병들을 기리는 기념비예요. 이 위령비에는 스위스의 아픈 역사가 담겨 있답니다. 스위스는 지정학적으로 늘 침략의 위험에 노출되어 있었죠. 그래서 스스로 중립국임을 선포했지만 주변에서 벌어지는 수많은 전쟁이 스위스를 위협했어요. 그런 위기 때마다 스위스인들은 자국을 침략한 외세에 대항해 피 흘리며 저항했고, 대부분 승리로 이끌어 마침내 1815년 영세중립국으로 인정받게 되었답니다.

스위스가 중립국이 된 데는 스위스인들이 용맹하게 싸웠기 때문인 점도 있겠지만, 스위스가 중립국이 되는 편이 인근 강대국들에게 유리하게 작용한 까닭도 커요. 강대국들 사이에서 스위스가 일종의 완충지대 역할을 해준 거죠. 게다가 16~19세기에 걸쳐서 스위스의 용병 공급을 둘러싸고 여러 나라의 이해가 일치한 것도 중요한 역할을 했죠.

스위스 용병들은 16세기 이후의 수많은 전쟁터에서 활약했어요. 당시 가난했던 스위스의 가장 중요한 돈벌이가 바로 용병산업이었다고 해요. 스위스 용병은 용맹하고 충성스러워서 유럽 여러 나라에서 인기가 많았대요. 아무튼 이 사자상은 프랑스 혁명 당시 루이 16세 일가를 최후까지 지키다 전멸한 786명의 스위스인 용병을 기리는 위령비랍니다. 사자 등에 꽂힌 부러진 창과 죽어가는 사자의 표정이 슬퍼 보이네요.

스위스 연방은 1848년 공적 용병을 일절 금지했어요. 하지만 무장 중립국인 스위스에서는 병역기간에 놓인 남성(여성은 지원제) 대다수가 병역 의무를 수행한답니다. 무장 중립국인 스위스는 직업군인보다 본업을 가진 민병이 훨씬 많아요. 평범한 회사원도 동네 빵집 주인도 농부 아저씨도 모두 민병이고, 유사시에는 이들이 미리 정해둔 계획에 따라 동원되는 구조인 거죠. 스위스인들에게 민병은 공공의 업무를 이행하는 사람들로 여겨지고, 스위스 사회는 이런 민병제도를 통해 공동체의식을 강화하고 있다고 해요. 스위스인들에게는 자국을 지킨다는 자부심이 크고, 병역뿐만 아니라 모든 분야에서 서로 공평하게 공동으로 대처해나가려는 기풍이 매우 강하답니다. 중립국 스위스가 괜히 만들어진 게 아니라는 생각이 들지 않나요?

스위스에 왔으면 대표적인 음식인 초콜릿과 퐁듀를 먹어봐야 해요. 스위스는 다국적 식품회사 네슬레와 초콜릿 메이커 린트&슈프륀글리(Lindt&SprUngli)의 본고장으로, 국민 1인당 초콜릿 소비량이 단연 세계 1위거든요. 19세기 후반, 초콜릿에 질 좋은 스위스 우유를 섞어서 최초로 밀크 초콜릿을 제품화한 다니엘 페터도 스위스인이랍니다. 또 2차 세계대전 때는 초콜릿 원료의 품귀 현상을 완화하고자 개암나무 열매를 초콜릿 속에 넣었는데 이게 대성공을 거두죠. 개암나무 열매라고 하면 뭔지 잘 모를 수도 있는데, 바로 헤이

스위스의 경관을 담은 초콜릿 포장

즐넛을 말하는 거랍니다. 이렇게 초콜릿에 견과류를 넣는 발상은 이후 초콜릿 제조법의 주류가 되었어요.

풍듀는 보통 작은 항아리를 불에 올려놓고 다양한 치즈를 녹여가며 먹는 요리예요. 치즈 풍듀는 치즈를 녹인 뒤 빵이나 소시지를 찍어 먹고, 미트 풍듀는 치즈를 넣지 않고 고기를 기름에 튀겨 먹는 거예요. 그리고 초콜릿을 녹여 먹는 초콜릿 풍듀도 있죠. 풍듀는 스위스 알프스 일대의 프랑스어를 주로 사용하는 지역에서 생겨났다고 해요. 겨울에 눈이 많이

풍듀

와서 외부세계와 단절되었을 때, 집에 남아 있던 오래된 치즈와 딱딱한 빵으로 끼니를 해결했던 방법인 거죠. 스위스에 왔다면 꼭 먹어봐야 하는 음식이에요. 질 좋고 맛도 있는 초콜릿과 풍듀, 강력 추천합니다.

글로벌 도시 취리히, 브랜드 강국 스위스

스위스는 지방자치가 확고한 연방국가예요. 스위스의 행정단위는 크게 세 단계로 이루어지는데, 한국의 시, 군, 구에 해당하는 '게마인데(Gemeinde)'가 2,800여 개 있고, 이런 게마인데가 여러 개 모여 이루어진 주가 전국에 스물여섯 개가 있어요. 이걸 '칸톤(Canton)'이라고 하죠. 칸톤은 우리의 시, 도에 해당된다고 보면 돼요. 스물여섯 개의 칸톤이 모여 스위스 연방국가를 이루고 있는 거예요. 각 주마다 깃발을 가지고 있는데, 이걸 칸톤 깃발이라고 해요.

칸톤은 스물여섯 개인데, 칸톤 깃발은 스물세 개랍니다. 그건 스위스의 여섯 개 주가 지리적·종교적 문제로 갈라져서 현재 반주(半州)가 되었기 때문이에요. 곳곳의 거리나 건물에 국기와 함께 나부끼는 깃발은 칸톤과 게마인데 깃발이죠. 스위스 사람들은 자신을 소개할 때 스위스인이라고 말하기에 앞서 루체른 사람이라든가 취리히 사람이라고 말하는 경향이 있어요. 그만큼 각 주마다 독립적 성향이 강하답니다.

스위스는 유럽연합에도 가입하지 않았어요. 경제적 발전을 위해 유럽연합에 가입해야 한다는 주장도 없지는 않아요. 하지만 스위스인들은

스위스 기와 함께 걸린
취리히 기

전통적으로 직접민주제를 실시해왔고, 지역적 실리를 따지는 성향이 강하거든요. 유럽연합 가입은 스위스의 독자적인 제도들을 바꿔야 해서 신중할 필요가 있는 거죠. 그래서 스위스 사람들은 유럽연합 각 회원국과 개별적으로 협정을 맺는 양국 간 협정을 통해 국제관계를 형성하고 있답니다. 스위스 사람들이 잘 쓰는 세 가지 표현이 있어요. "스위스는 작은 나라입니다", "스위스는 섬나라입니다", "우리는 실용주의적입니다", 이 세 가지 말인데, 실리를 따지는 신중함이 묻어나죠. 아마 이런 점들이 오늘날 중립국 스위스를 있게 해준 원동력일 거예요.

주요 사안은 투표로 결정

중립국 스위스가 유엔에 가입한 것은 2000년대 들어서예요. 주요 사안을 국민투표로 결정하는 직접민주주의 국가 스위스는 격렬한 찬반논쟁 끝에 아슬아슬하게 유엔에 가입했죠. 국민의 54.6%가 찬성, 45.4%가 반대, 12개 주가 찬성, 11개 주가 반대표를 던진 거예요. '유럽의 작은 섬나라' 스위스는 철저한 지역 중심의 직접민주주의를 통해 지혜를 모아가고 있답니다. 각 주는 독자적 헌법과 정부와 의회를 가지고 자치를 실현하고 있으며, 대다수 게마인데는 전체 주민총회를 최고 의결기구로 하고 있지요. 현대 사회로 오면서 규모가 큰 칸톤에서는 사라졌지만 아펜첼이너로덴 주와 글라루스 주는 지금도 전통방식 그대로 전체 주민이 하루 동안한곳에 모여 칸톤의 중요 사항을 모두 결정하는 란츠게마인데 제도를 유지하고 있어요. 알프스 산맥을 관통하는 고트하르트 베이스 터널 공사 역시 국민들의 총투표로 결정되었지요. 그 옛날 스위스인들의 고단한 삶이 묻어 있는 알프스에서 후세들은 이처럼 지혜를 모아가며 살아가고 있답니다.

자, 스위스의 또 하나의 대도시, '취리히(Zurich)' 여행을 해볼까요? 취리히는 스위스에서 가장 많은 인구가 살고 있는 도시예요. 그리고 스위스뿐만 아니라 유럽을 연결하는 교통의 중심지죠. 반호프 거리를 따라 걸으며 스위스를 대표하는 글로벌 도시의 모습을 둘러보자고요.

총인구의 약 24퍼센트가 외국인일 만큼 스위스는 유럽에서도 외국인 비율이 높기로 유명해요. 그중에서도 외국인이 가장 많은 도시가 취리히랍니다. 외국인에 개방적인 나라인 만큼 외국에 나가 사는 스위스인들도 많아서, 전체 인구의 약 10퍼센트는 국외 거주자라고 해요. 하지만 거주 외국인의 숫자가 많다는 점이 하나의 위협으로 여겨지는 측면도 있나 봐요. 2013년에 아프리카계 난민들의 유입을 차단하는 법이 국민투표로 통과됐어요. 일부 지자체는 난민 신청자가 공공장소에 드나들지 못하도록 격리하는 방안을 추진했고요. 2014년에는 외국 이민자 수를 제한하자는 법안이 국민투표에 부쳐져 논란 끝에 50.34퍼센트의 지지를 얻어 간신히 통과되었답니다. 스위스의 이민제한법은 자유

취리히 중앙역

반호프 거리의 트램

로운 이동을 보장하는 유럽연합의 거센 반발을 불러왔죠. 그러자 스위스는 유럽연합과의 관계가 나빠질 것을 우려해 2017년 법률시행을 앞두고 관련 조항을 삭제했어요. '자국민 취업을 우선 보장한다'는 내용을 넣는 선에서 타협하고 이민제한을 철회한 거죠. 결과야 그렇지만, 이런 논란을 보니 개방적인 스위스에서조차 인권의식과 관용정신이 후퇴하는 것 같아 안타까운 마음이 드네요.

스위스 하면 또 유명한 게 바로 은행이죠. UBS와 크레디트 스위스 등이 대표적인 금융그룹이에요. 수많은 외국인 자산가가 자산 관리를 스위스 은행에 맡긴다는 얘기는 들어보셨죠? 이곳의 외국인 자산이 수조 원 규모라니 굉장하죠. 스위스는 대부분의 주에서 상속세를 면제해주고, 고객의 가족 구성에서 재산 상황까지 모든 부분을 파악한 뒤 빈틈

스위스 은행

없이 자산을 관리해주는 프라이비트 뱅크 시스템이 갖춰져 있기 때문에 자산가들이 좋아하는 거랍니다. 스위스는 은행의 비밀 엄수 의무가 강력하게 지켜지고, 누설한 자는 금고 또는 벌금형에 처해진다고 해요. 그렇다 보니 검은 돈들도 모이고 세금 도피처가 되기도 하는데, 이러한 스위스 은행의 비밀주의는 세금을 거둬들이려는 각국 정부로부터 집중 포화를 받았어요. 특히 2008년 금융위기 이후에 비판이 거세지자 스위스도 탈세 혐의자의 비밀을 지켜줄 명분이 사라져 예금주의 정보를 넘기는 사례가 생겼고, 외국인 부호를 우대해온 각종 정책도 차차 폐지하는 사례가 늘고 있어요. 아무튼 스위스도 국제사회와 더불어 합리적인 방법을 찾아가고 있다니 다행이라면 다행이죠.

페스탈로치(Johann Heinrich Pestalozzi)의 동상이 보이네요. 페스탈로치가 스위스 사람이었구나, 하고 무릎을 치는 분도 있을 것 같은데, 페스탈로치는 1746년 취리히에서 태어났어요. 고아원이나 빈민학교를 세워 가난한 아이들에게 교육의 기회를 준 그는 19세기 이전에 이미 어린이를 하나의 인격체로 인정한 근대 교육의 아버지로 존경받고 있답니다. 스위스는 전통적으로 언어 교육을 중시한다고 해요. 왜냐하면 주마다 사용하는 언어가 다르거든요. 독일어, 프랑스어, 이탈리아어, 로만

페스탈로치 동상

린덴호프 공원   리마트 강과 시가지

슈어를 공용어로 인정하고 있어요. 취리히 사람들을 비롯해서 독일어 사용자가 가장 많고 대학생이나 기업인들 중에는 다양한 언어를 구사하는 사람들이 많다고 해요. 그래서 모든 공공문서는 네 개 공용어로 동시에 발행되고, 언어별 인구에 비례해 공무원을 채용한대요. 조화와 공존을 위해 노력하고 있는 거죠.

이번에는 취리히 전경이 한눈에 들어오는 '린덴호프 공원'으로 이동할까요.

리마트 강을 따라 펼쳐진 취리히 시가지가 정말 예뻐요. 그 강을 사이에 두고 마주보고 있는 건축물도 아주 특이하고요. 로마네스크 양식의 그로스 뮌스터와 고딕 양식의 프라우 뮌스터예요. 높게 솟은 둥근 종탑과 뾰족한 첨탑이 대조를 이루죠. 9세기에 지어진 프라우 뮌스터는 단조롭고 소박한 느낌을 주지만 중세 취리히의 경제 및 권력의 중심 역할을 한 수도원이었답니다. 12세기에 지어진 그로스 뮌스터는 스위스

프라우뮌스터   그로스뮌스터

최대의 로마네스크 양식 사원으로 취리히를 상징하는 대표 건축물인

데, 16세기 스위스의 종교개혁가 츠빙글리(Ulrich Zwingli)가 설교한 장소

로 유명해요. 대성당으로 지어진 이곳이 중세시대를 마감하는 종교개

혁의 중심지가 된 거죠.

　스위스에서 사가지고 갈 만한 기념품은 뭐가 있을까요? 세계적으로

인정받는 '메이드 인 스위스(made in Swiss)' 제품인 시계는 어떠세요? 정

밀성, 정확함, 고품질 등을 기치로 내세운 스위스 시계는 최고급 시계도

있지만 저가 시계도 있으니 부담 없이 구경해볼 수 있답니다.

그리고 보니 스위스에는 유명한 것들이 꽤 많네요. 알프스로 대표되는 수려한 자연환경부터 스위스 은행, 스위스 초콜릿, 스위스 시계 등등 말이에요. 이처럼 스위스는 국가 자체를 강력한 브랜드로 창조하고 있답니다

전 세계 저가 시계 시장을 휩쓴 스와치 시계

스와치는 오메가, 브레게, 블랑팡, 라도, 론진 등 최고급 브랜드들을 보유하고 있는 세계 최대의 시계 그룹이에요. 스위스의 시계 산업은 과거 소규모 가내수공업으로 시작해 오랜 시간 기술과 디자인을 발전시킨 형태가 많지요. 창업자의 이름이 회사명이나 브랜드명이 되는 경우가 많은데, 그런 소규모 시계 메이커들을 스와치 그룹은 잇따라 매입해 거대 기업으로 성장했답니다. 다양한 가격과 디자인의 제품을 판매해 세계 시장의 소비자 수요에 맞는 제품 공급에 주력하고 있다고 합니다.

그리스

불가리아

마케도니아

알바니아

터키

지중해

아테네

신타그마 광장
필로파포스 언덕
아크로폴리스
리카비토스 언덕
프닉스 언덕
아고라
디오니소스 극장
파르테논 신전
제우스 신전
에렉테이온 신전
아레오파고스 언덕
아탈로스의 스토아

피라 마을
이아 마을
화산섬 투어
아크로티리

산토리니 섬

크레타 섬

12

Greece

산 따라 섬 따라 이야기가 숨어 있는 그리스

📍 드디어 신들의 나라 그리스에 도착했어요. 그야말로 기분이 '오~~빠(o~~pa)'네요. '오빠'라니 갑자기 왜 오빠를 찾냐고요? 하하, 그리스어로 '오빠(Ωπα)'는 신날 때 쓰는 추임새예요. 우리말로 하면 '우와', '앗싸' 정도가 될까요.

그리스는 볼거리가 너무 풍성하기 때문에 어떻게 여행하는 게 좋을지 행복한 고민이 드는 나라예요. 이번 여행에서는 먼저 고대 그리스를 그려볼 수 있는 아테네를 둘러보고, 화산 활동과 미노아 문명에 대해 알아볼 수 있는 산토리니를 다녀보면 어떨까요? 도시 이름을 듣는 것만으로도 기대가 되죠? 자, 그럼 서둘러 아테네로 출발해요.

고대 그리스 세계의 꽃, 아테네

먼저 '법의 광장'이라 불리는 '신타그마 광장'으로 가보죠. 신타그마 광장은 1843년 그리스에서 최초로 헌법을 공포한 걸 기념하기 위해 만들어졌다고 해요. 광장 맞은편에는 국회의사당도 있어 그리스 정치의 중심지라고 할 수 있죠. 국회의사당 근처에 에르무 거리가 있는데, 이곳은 서울의 명동처럼 상업 활동이 활발한 곳이에요. 우리에게도 익숙한 브랜드 상점들이 죽 이어져 있으니 구경해봐도 재미있을 거예요.

아테네는 그리스의 다른 도시에 비해 평야가 넓은 편이지만 해발고도 100~200미터 정도 되는 언덕이 여러 곳에 있어서 시내를 조망하기 좋답니다. 신타그마 광장을 감상했으니 이제 '필로파포스 언덕'으로 가

신타그마 광장과 국회의사당

에르무 거리

필로파포스 언덕과 사로닉 만   아크로폴리스와 리카비토스 언덕

볼까요. 필로파포스 언덕은 옛날엔 뮤즈의 언덕이라고 불리다가 로마 시대 때 아테네인들에게 관대한 정치를 펼쳤던 행정관 필로파포스를 기리는 기념비가 생기면서 그렇게 불리게 되었다고 해요. 필로파포스 언덕에서는 아테네 남쪽에 위치한 사로닉 만도 보이고, 유명한 피레우스 항구도 보이니 올라가볼 가치가 충분하답니다. 도시와 산만으로 이루어진 곳인 줄 알았는데 바로 바다가 이어져 있는 게 이곳 아테네의 매력이기도 해요.

필로파포스 언덕에서 고개를 넘으면 '프닉스 언덕'으로 갈 수 있어요. 프닉스 언덕에 올라보면 좀 전에 보았던 필로파포스 기념비가 아주 조그맣게 보이고 아크로폴리스도 보여요. 아크로폴리스 뒤편인 북동쪽으로 다른 언덕도 눈에 들어오는데 바로 '리카비토스 언덕'이에요.

리카비토스 언덕(Lycabettus Hill)

리카비토스는 '늑대들의 언덕'이라는 뜻이에요. 산기슭에 우거진 소나무 숲에 늑대들이 살았다고 해서 붙여진 이름이죠. 이 언덕과 관련된 아테나 여신의 이야기가 있는데 들어보세요. 아테나는 막 태어난 에리크토니오스(아테네의 초기 군주로 대지에서 태어나 아테나 여신에게 길러진 인물)를 바구니에 담아 아테네의 군주 케크롭스의 딸들에게 맡기며 "절대 열지 말라"고 당부했다고 해요. 그러고는 아크로폴리스를 만들 산을 가지러 팔레네로 갔죠. 그런데 그 사이를 참지 못한 케크롭스의 딸들이 바구니를 열어봤고, 이 사실을 안 아테나는 옮기던 산을 떨어뜨렸는데 그게 바로 리카비토스가 되었다는 전설이랍니다.

다시 프닉스 언덕 이야기로 돌아와서, 프닉스란 '군중들이 꽉 들어찬' 또는 '밀집한'이라는 의미를 갖고 있어요. 아테네 민회가 초기에는 아고라에서 열렸는데, 이후 클레이스테네스의 정치이념을 더 발전시켜 정기적인 시민총회인 민회를 정치의 중심으로 삼은 페리클레스는, 자신의 집권기 때 민회를 주로 이곳에서 열었대요. 그래서 고대 그리스의 국회의사당이라고 부르기도 한답니다.

프닉스 언덕에서 북쪽을 바라보면 고대 그리스의 주요 지역들이 한

프닉스 언덕

프닉스 언덕에서 바라다보이는 아테네

눈에 보여요. 가장 오른쪽에 프닉스의 연단이 보이고, 가운데엔 종교 중심지인 아크로폴리스가 보이며, 그 왼쪽으로는 법의 중심지인 아레오파고스 언덕, 그리고 더 왼쪽 아래로는 경제와 사상의 중심지인 아고라가 있어요. 왠지 바로 눈앞에 고대 그리스인들이 걸어다니는 듯한 느낌이 드는 것 같지 않나요?

이번에는 고대 아테네의 성지인 '아크로폴리스'로 갈 거예요. 아크로폴리스 남쪽 입구로 들어가면 디오니소스 극장을 만날 수 있어요. 디오니소스 극장은 기원전 6세기경 아테네에 술의 신 디오니소스 숭배의식을 들여오면서 만들어졌어요. 지금은 폐허가 되었지만 약 1만 7천 명의 관객이 들어갈 수 있는 대규모 극장이었죠.

현장에서 직접 눈으로 보면, 복원되길 바라는 마음이 생길 정도로 스산해요. 옛 모습을 보고 싶다면 펠로폰네소스 반도에 있는 에피다우로스 극장에 가보면 된답니다. 매년 6~8월에 열리는 '그리스 축제(Hellenic Festival)'의 주요 공연장이에요. 지금도 공연할 수 있는 상태로 건재해 있다니 참 다행이죠. 특이한 건 중앙에 둥근 돌이 있는데, 거기서 말을 하면 마이크 없이도 극장의 모든 자리까지 다 들린다고 해요. 공연은 보통

디오니소스 극장

에피다우로스 극장

해가 진 후 열리는데 수많은 별빛 아래서 살랑살랑 불어오는 바람과 함께 보는 공연의 매력은 황홀하기까지 하답니다.

아크로폴리스 서쪽 입구로 올라가면, 정문인 프로필레아가 있어요. 이 문을 통과하면 파르테논(Parthenon) 신전이 눈앞에 나타나죠. 파르테논 신전이라는 이름에는 '처녀의 집'이라는 의미가 담겨 있는데, 바로 아테나 여신을 기리는 신전이라는 뜻이랍니다. 위로 쭉쭉 뻗은 백색의 기둥이 단순하면서도 웅장한 느낌을 줍니다. 기둥은 모두 46개인데 수직처럼 보이지만 위로 올라갈수록 약간 안쪽으로 모이게 만들어졌어요. 그래서 수직적인 상승감이 더 돋보이는 거죠. 자세히 보면 기둥 위 삼각형처럼 생긴 곳에 말과 남자 조각이 있어요. 그 아래 위치한 기둥 위의 띠 모양 부분을 '프리즈(frieze)'라고 하는데 축제의 제사행렬을 묘

파로테논 신전

파르테논 신전의 프리즈

사하고 있다고 해요. 원래 360여 명의 신들과 인간, 219필의 말을 조각한 거였다고 해요. 현재 남아 있는 조각들만 봐도 그 생동감과 균형미가 대단한 걸 알 수 있죠.

이렇게 멋진 건물이 어쩌다 지붕 없는 모양이 되어버렸을까요? 17세기 말 그리스의 대부분을 정복하고 있던 베네치아의 군대가 아테네를 포위하자 오스만 제국의 군대는 아크로폴리스로 피난해 파르테논 신전을 화약창고로 사용했대요. 그런데 1687년 베네치아 군의 포격으로 화약창고가 폭발하는 바람에 지붕이 날아가버린 거죠. 참 안타까운 일이죠?

파르테논 신전을 건축한 사람은 '아테네의 황금시대'를 이끈 페리클레스(Perikles)예요. 기원전 5세기 중반, 아테네의 아크로폴리스가 델로스동맹의 중심지이자 당대 문화의 중심지가 되면서 페르시아 전쟁으로

제우스 신전

파괴된 아테나 여신의 신전을 복원하기 시작했는데 비용의 일부는 델로스동맹의 금고에서 나왔다고 해요.

아크로폴리스에서 남동쪽으로 내려다보이는 제우스 신전도 한번 살펴볼까요? 제우스 신전은 그리스에서 가장 규모가 큰 신전으로, 기원전 6세기경 만들어지기 시작해 자금 부족으로 중단되었던 것을 2세기 로마 제국의 황제 하드리아누스가 완성한 것이에요. 다시 말해 완공까지 700년이 걸린 셈인데, 4세기 무렵 고트족의 침입으로 파괴되어 지금은 기둥 열다섯 개만 남아 있어요. 하드리아누스 황제는 그리스를 무척 사랑해서 유적을 되살리려고 애를 썼대요. 제우스 신전의 바로 아래쪽으로 문이 하나 있는데, 하드리아누스 문(Hadrian's Gate)이라고 해요. 이 문은 당시 그리스인 마을과 로마인 마을의 경계가 되었다고 합니다.

파르테논 신전 오른편으로 그리스 국기가 바람에 펄럭이는 것도 보일 거예요. 그리스 국기의 파란색은 바다와 하늘을 나타내고, 십자가는 이슬람교 국가인 터키에 대한 크리스트교 국가로서의 그리스의 독립을 상징하는 거예요. 그리고 아홉 개의 가로줄은 1821년 시작된 독립전쟁 때 '자유냐 죽음이

그리스 국기

에렉테이온 신전   아테나의 올리브

냐(Eleutheria e Thanatos)'라는 그리스어 투쟁구호의 아홉 음절을 나타내는 동시에, 독립전쟁이 9년 동안 계속되었음을 뜻하는 것이라고 해요.

파르테논 신전의 북쪽에 있는 '에렉테이온 신전'도 봐야죠. 먼저 소녀상이 보이는데, 정말 아름다워요. 이 소녀상은 1970년대 '네포스'라는 스모그로 인해 부식 상태가 심각해지는 바람에, 아테네인들에게 대기오염의 심각성을 일깨워주는 계기가 되기도 했대요. 그리고 에렉테이온 신전의 다른 쪽에 있는 나무도 눈여겨볼 필요가 있어요. 바로 '아테나의 올리브'라고 불리는 나무거든요. 아테나와 포세이돈이 아테네를 놓고 경쟁했는데 포세이돈은 샘이 솟구치게 했고, 아테나는 올리브 나무를 자라게 했대요. 최종적으로 아테네 시민들은 아테나 여신을 선택했다고 해요.

자, 이제 아크로폴리스의 북서쪽에 위치한 세계 최초의 재판정, '아레오파고스 언덕(Areopagos Hill)'으로 가보죠. 이 언덕은 성지순례 때 찾는 곳으로도 알려져 있지만, 사실 아테네에서 가장 오래되고 유서 깊은 법정으로 더 유명해요. 언덕이라고 해도 그리 높진 않지만, 계단의 바위가 많이 미끄러우니 조심해서 올라가야 한답니다.

📍
아레오파고스 언덕에 얽힌 신화

아레오파고스란 '아레스 신의 언덕'이라는 뜻이에요. 아레스 신이 딸을 납치하려 했던 포세이돈의 아들을 살해하자, 포세이돈은 아레스를 신들의 법정에 고발해요. 그래서 신들은 이 언덕에 모여 아레스를 재판했죠. 그 후 아레오파고스에서는 살인이나 살인할 의도로 입힌 상해, 방화, 독살 등과 관련된 재판이 이루어지는 곳이 되었다고 해요. 신들의 재판정이 인간의 재판정이 된 셈이죠.

아레오파고스 언덕에서는 아고라를 조망하기도 좋은데요, 이곳에서 내려다본 아고라를 보면 오른쪽에 있는 붉은 지붕의 긴 건물이 가장 완벽하게 복원된 고대 그리스의 건축물이라는 '아탈로스의 스토아'예요. 스토아는 물건을 거래하기도 하고 고대 그리스인들이 자유롭게 토론을 하던 장소이기도 하죠. 아탈로스의 스토아 맞은편으로 기둥들만 남아 있는 게 보이는데, 이곳에 여러 개의 스토아와 신전들이 있었대요. 가장 왼쪽에는 거의 모양을 제대로 갖춘 신전이 보이죠. 신전 곳곳에 테세우스에 대한 부조가 남아 있어 테세우스 신전으로 불리다가, 청동 주물 작

아레오파고스 언덕에서 본 아고라   아레오파고스 언덕

업장과 철공소의 흔적이 발견됨에 따라 대장장이 신인 헤파이토스 신전으로 확정된 곳이랍니다.

그럼, 직접 아고라를 거닐어볼까요. 아탈로스의 스토아로 들어가보죠. 이곳 복도에 서니 도리아식 기둥과 이오니아식 기둥이 비슷한 듯 다르게 잘 어우러져 있어요. 내부는 박물관으로 사용된다고 하는데, 특히 그리스 민주주의와 관련된 유적이 많답니다.

투표할 때 썼다는 도자기 조각도 볼 수 있어요. 도편추방제의 투표 도구로 사용되었던 거죠. 도편추방제는 민주주의를 유지하기 위해 독재를 할 가능성이 많은 사람의 이름을 도자기 조각에 적어 투표를 하고 그 결과에 따라 가장 많은 표를 얻은 사람을 10년 동안 추방하는 제도랍니다. 전시된 도자기에 모두 '테미스토클레스'의 이름이 적혀 있는 게 특이하네요. 테미스토클레스는 살라미스 해전에서 그리스인을 구했던 사람인데, 그런 사람도 예외 없이 추방되었어요. 가엾게도 말년에 추방되었기 때문에 죽을 때까지 돌아오지 못했다고 해요.

'클레로테리아'라고 하는 배심원 추첨 기계도 볼 수 있어요. 고대 그

아탈로스 스토아의 도리아식 기둥과 이오니아식 기둥의 어울림

테미스토클레스의 이름이 적힌 도편

클레로테리아

해파이토스 신전

리스는 모든 시민들이 재판장의 배심원이 될 수 있었는데, 재판 당일에 이 도구를 써서 추첨이 이루어졌대요. 이렇게 조금씩 민주주의가 발전한 것이구나, 하는 생각에 감동이 밀려오네요.

아고라까지 구경을 마쳤으니 이제 아테네를 떠나 새로운 도시로 가볼까요.

📍
기로스(gyros)

그리스에서 유명한 길거리 음식을 하나 소개하죠. 바로 기로스인데요. 피타라는 납작한 빵에 그리스 전통 요거트인 차지키(tzatziki)를 바르고 손님이 선택한 돼지고기나 닭고기 조각을 넣은 다음 온갖 채소를 넣어 말아 만든 음식이에요. 우리나라 떡볶이, 순대처럼 그리스의 대표적인 길거리 음식이랍니다.

칼데라 속에 황금 도시를 품고 있는 산토리니

'산토리니(Santorini)'까지는 아테네 남쪽의 피레우스 항구에서 배를 타고 가야 해요. 배가 닿는 곳은 산토리니 섬의 대표 항구인 '아티니오스'예요. 배에서 내려 왼쪽으로 이동하면 피라 마을로 가는 로컬버스가 대기하고 있거든요. 이 버스를 타고 40분가량 급경사의 산지를 이동해 피라

아티니오스 항구　　　　　　　　칼데라를 배경으로 즐기는 지중해의 여유

터미널에 내리면 된답니다.

　피라 터미널에 도착했으니, 피라 마을을 한번 둘러볼까요? 자세히 보면, 호텔이나 레스토랑 안내 표지판에서 '칼데라 뷰'라는 단어가 많이 보여요. '칼데라(caldera)'는 가마솥을 뜻하는 라틴어에서 유래했는데, 화산 분화구가 폭발 또는 함몰로 인해 푹 꺼져서 거대해진 것을 말해요. 우리나라로 치면 백두산의 천지, 울릉도의 나리분지가 대표적인 칼데라 지형이라고 할 수 있죠.

　산토리니는 여러 차례의 화산 폭발로 만들어진 방패 모양의 화산섬이었는데 약 3,600년 전 '미노아 화산 폭발'이라 불리는 거대한 화산 폭발 후 중심부에 칼데라가 형성되고 낮은 지역이 바닷물에 잠겨 지금과 같은 모양이 되었다고 해요. 초승달처럼 생긴 산토리니의 주 섬인 티라 섬과 서쪽에 보이는 테라시아 섬은 하나로 연결된 고리 모양이었다고 하고, 칼데라의 중심부에는 가장 뒤늦게 이루어진 화산 폭발로 형성된 '네아 카메니 섬'과 '팔레아 카메니 섬'이 있지요. 그렇다면 산토리니 섬은 지금도 화산이 폭발할 가능성이 있을까요? 답은 예스. 남(南)에게 해

우조　　　　　　　　　　그리스 벽화 라벨이 붙은 와인

화산대에서 가장 활발한 화산 활동을 하는 지역에 해당하거든요.

칼데라를 배경으로 사람들이 지중해의 여유를 즐기고 있는 모습을 보노라면 덩달아 기분이 참 느긋해진답니다. 나중에 칼데라를 둘러싼 네아 카메니 섬, 팔레아 카메니 섬, 테라시아 섬을 모두 둘러보는 화산 섬 투어도 해볼 거예요. 공식적으로 산토리니 섬에서 있었던 가장 큰 폭발이 뭔 줄 아세요? 1950년 네아 카메니 섬에서의 폭발인데요, 그때 만들어진 화산 분출물을 지금도 볼 수 있답니다. 그리고 팔레아 카메니 섬에서는 온천을 체험할 수도 있고요.

피라 마을에 온 김에 대형 할인점에서 그리스인들의 생활문화를 좀 엿보면 좋을 거 같아요. '우조(Ouzo)'라는 그리스 전통술을 볼 수 있어요. 술병 모양이 산토리니 섬을 닮았죠. 우조는 한 번 걸러낸 포도주의 포도 껍질을 다시 압축하여 아니스 등의 향신료를 첨가해 만든 술인데, 도수가 무려 40도나 돼요. 와인의 라벨을 보면 산토리니의 정체성이랄까, 아무튼 산토리니가 화산섬이라는 사실을 절대 잊을 수 없을 것 같아요. 라벨 그림이 〈어부〉라는 제목의 벽화인데, 화산재에 묻혔던 고대 문

문명의 유적지인 아크로티리(Akrotiri)에서 발굴되었거든요.

나중에 들러볼 아크로티리는 산토리니의 가장 남쪽에 해당하는 지역이에요. 그리고 피라 마을이 칼데라의 거의 가운데에 해당하고요. 가장 북쪽에 이아 마을이 있죠.

이아 마을은 세계에서 가장 아름다운 일몰을 볼 수 있는 곳으로 유명하죠. 먼저 산토리니 하면 떠오르는 모습의 교회가 맞아주네요. '아틀란티스'라는 이름의 서점도 유명한데요. 올리버와 크레이그라는 두 명의 영국인 청년이 산토리니에 여행 왔다가 정착해서 만든 서점이에요. 작지만 보물창고 같은 느낌을 주는 곳이라 배낭여행객들이 많이 찾고 있는 곳이죠. 아틀란티스란 이름도 '잃어버린 대륙 아틀란티스'에서 따왔는데, 플라톤이 언급한 아틀란티스를 산토리니라고 믿는 사람들도 있답니다.

이곳 건물들은 모두 지중해다운 색깔을 띠고 있어요. 하얀 집, 파란 창문, 진분홍 부겐벨리아 꽃, 당나귀 한 마리까지. 코발트색의 지중해 바다도 한번 보세요. 정말 영화 속 한 장면 같지 않나요?

어느새 해가 뉘엿뉘엿 지는 걸 보니 이아 마을에서의 하이라이트, 일몰 구경을 할 차례가 됐나 봐요. 산토리니의 일몰은 해가 지고 나서도 여운이 오래 남아요. 정말 기가 막히게 멋지지 않나요? 어느 곳에서나 볼 수 있는 일몰 풍경이지만 이곳은 아주 특별한 분위기가 넘쳐흐르는 것 같아요.

이아 마을의 아름다운 풍경

보트에서 본 이아 마을

　이제 앞서 이야기했던 화산섬 투어를 즐겨볼까요? 보트를 타고 가다 보면 이아 마을의 집들이 마치 절벽에 발라진 생크림처럼 보여요. 저런 꼭대기에 집이 있는 게 신기하기만 하답니다. 보기엔 그림 같지만 높은 곳에 사는 사람들은 나름대로의 어려움도 있을 거예요.

　자, 첫 번째 기착지는 네아 카메니 섬이에요. 화산섬 투어는 큰 섬인 네아 카메니와 작은 섬인 팔레아 카메니를 지나고, 테라시아 섬까지 둘러보는 코스예요. 네아 카메니 섬은 16세기 후반에 처음 분출해서 20세기 중반까지 화산 분출이 있었고, 팔레아 카메니 섬은 기원후 두 차례의 분출이 있었다고 해요. 네아 카메니 섬 정중앙에 1950년에 만들어진 용암이 있는데 이것이 가장 최근에 형성된 화산생성물에 해당하죠.

네아 카메니 섬

얼른 내려서 네아 카메니 섬을 한 바퀴 둘러봐야겠어요. 항구 쪽은 큰 용암이 굳은 것 같았는데 다프니 분화구 주변은 화산 폭발로 흩어진 작은 부스러기들처럼 보이죠. 다프니 분화구에서는 스코리아(Scoria)성 용암이라고 부르는, 마그마에 가스가 많이 포함되어 스펀지 같은 용암 이 분출됐는데 이곳에서 보이는 것들이 그 파편들이랍니다.

네아 카메니의 정중앙 부근으로 가면 분화구가 두 개 있는 이중 분화구를 볼 수 있어요. 1940년에 엄청나게 많은 양의 수 증기를 포함한 상태로 폭발이 이루어져서

다프니 분화구

이중 분화구

지금도 곳곳에 수많은 가스 분출구가 있다고 해요.

팔레아 카메니는 급경사의 해안에 온천이 있는 곳이니만큼 바다 수영을 할 수 있다면 바다에 들어가 온천이 있는 해안까지 가보면 좋아요. 통상 투어 중엔 시간을 30분밖에 주지 않는다는 점이 아쉽지만, 짧고 강렬한 경험을 해볼 수 있는 곳이라고 할 수 있죠.

화산섬 투어의 마지막 코스는 '테라시아 섬'이에요. 해변에서 식사를 해도 되지만 이왕이면 칼데라를 바라볼 겸 윗마을 마놀라스에서 먹어

팔레아 카메니 섬

테라시아 섬

보세요. 올라가는 길에 자연이 주는 간식을 먹는 것도 또 하나의 즐거움
인데요, 바로 무화과 열매예요. 무화과나무는 산토리니의 대표적인 나
무 중 하나거든요. 고온건조한 지중해 지역의 여름 기후에서는 더 달게
익는다고 해요. 현지에서 먹는 무화과는 맛이 기가 막히답니다.

　자, 이제 마놀라스에 도착했으니 경
치를 감상하면서 새우 요리에, 와인 한
잔을 곁들여봐요. 정말 꿀맛이랍니다.
다 먹고 해변으로 내려올 때 바다에서
불어오는 바람은 이곳에서 덤으로 주는
선물 같아요.

무화과 열매

마놀라스에서 바라본 해변

화산섬 투어를 마쳤으니, 이제 산토리니에서의 마지막 여행지로 가보죠. 마지막을 장식할 곳은 화산재에 묻혀 사라졌던 청동기시대의 도시, '아크로티리(Akrotiri)'입니다. 금강산도 식후경이라고 구경하기 전에 배부터 채우는 게 어떨까요? 그리스에 왔으니 그리스식 샐러드를 먹어보려고요. 그리스식 샐러드의 특징은 신선한 재료와 올리브유, 양젖에서 얻은 페타치즈가 전부라는 거예요. 아주 담백하고 고소하고 자꾸 먹고 싶어지는 마력을 가진 샐러드죠.

요기도 했겠다, 그럼 천천히 걸어볼까요? 해안선을 따라 걷다가 산모퉁이를 지나면 마법처럼 멋진 풍경이 펼쳐지는데요, 바로 레드 비치랍니다. 온통 붉은색 천지죠. 제주도 송악산과 비슷한 스코리아성 퇴적

물들이 파도에 부서져 붉은 해변을 이
루고 있는 거예요.

청동기시대의 그리스 옛 마을의 흔
적을 보려면 아크로티리 고고학박물관
을 들러보세요. 로마 제국의 폼페이와
비교하며 감상해보면 더욱 재미있을 거

그리스식 샐러드

예요. 여러 유적들과 함께 엄청난 두께
의 화산재 층을 볼 수 있답니다. 기원전 1500년경의 미노아 화산 분출
(또는 테라 화산 분출)에 의해 형성된 화산재 층이에요. 8미터 정도가 된다
고 하니 놀라울 뿐이죠. 이렇게 어마어마하게 쌓였으니 오랫동안 찾을

레드 비치

아크로티리 고고학박물관의 화산재 층과 유물

수 없었던 건가 봐요.

통상 '서쪽 집'이라 불리는 곳도 들러보세요. 피라 마을의 대형할인 점에서 본 와인의 라벨에 있던 벽화가 발견된 곳이에요. 아크로티리는 청동기시대에 큰 도시로 성장하는데 이곳에서 발견된 유물을 살펴보면, 가까운 크레타 섬을 비롯해서 그리스 본토와 키프로스 섬 등 지중해 곳곳의 지역과 교류했던 흔적을 확인할 수 있다고 해요. 특히, 각 가옥 내에 그려진 벽화는 주제가 다양하고 보존 상태가 좋아 고대 회화에 있어 중요한 위치를 차지한다고 합니다.

자, 이로써 그리스 여행을 마치게 되었어요. 고대 그리스의 꽃이라고 할 수 있는 아테네와, 칼데라 속에 황금 도시를 품고 있는 산토리니, 모두 매력 만점이었죠?

아쉽지만 그리스가 유럽 대륙 여행의 마지막 코스였어요. 하지만 지리쌤과 함께하는 세계 여행은 아프리카와 아메리카, 그리고 남극을 거쳐 오세아니아 대륙으로도 계속 이어질 예정이에요. 그러니 앞으로의 여행도 기대해주시고 함께해주세요. 고맙습니다.

유럽의 고민거리, 테러와 난민

앵커 최근 유럽에서 각종 테러 사건이 잇달아 발생한 이후, '유럽 여행, 안전할까?' 하고 생각하는 사람들이 부쩍 늘어났는데요. 독일 베를린 현지에 나가 있는 기자를 통해 최근 유럽에서 발생한 테러 사건들에 대해서 알아보겠습니다.

기자 네, 이곳 베를린에서는 2016년 12월 19일, 튀니지 출신의 남성이 트럭을 타고 크리스마스 마켓으로 질주해 많은 사상자가 발생했습니다. 베를린 테러의 배후나 이유에 대해서는 아직 확실히 밝혀진 게 없으나, 테러범의 사체를 부검한 결과 코카인과 대마초를 상습적으로 복용해온 것으로 드러나, 환각 상태에서 범행을 저질렀을 가능성이 있다는 보도가 나왔습니다. 유럽에서 일어난 테러는 이뿐만이 아닙니다. 2016년 7월 15일 프랑스에서도 이와 비슷한 테러가 발생했습니다. 프랑스 대혁명 기념일인 바스티유의 날에 프랑스 니스에서 대형 트럭 한 대가 축제 행사로 모인 군중을 덮쳐 최소 80명 이상의 사망자와 200여 명의 부상자가 발생했습니다. 니스 테러의 범인은 튀니지계 프랑스 남성이었으며, 사건 이후에 이슬람 수니파 무장조직 이슬람국가(IS)는 온라인 매체를 통해 자신들이 배후임을 밝혔습니다. 또한 2016년 3월 22일 벨기에 브뤼셀에서 일어난 연쇄 폭탄 테러로 30명 이상의 사망자와 200여 명의 부상자가 발생했습니다.

앵커 이 같은 테러 사건들로 인해 유럽인들과 유럽을 방문하려는 사람들이 불안에 떨고 있는 현실입니다. 잇따른 테러로 유럽의 난민 수용 정책에 큰 변화가 보인다는 소식이 있는데요. 어떤 내용인가요?

기자 네, 아랍의 봄과 시리아 사태로 인해 중동과 이슬람 출신 난민들이 유럽 각국으로 많이 유입되었으며, 현재도 계속 유

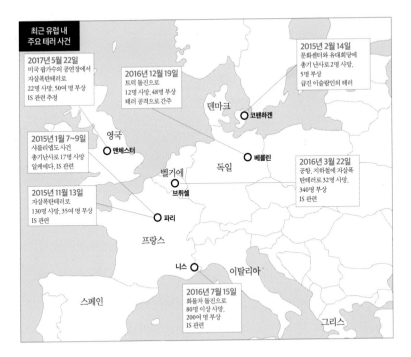

최근 유럽 내
주요 테러 사건

2017년 5월 22일
미국 팝가수의 공연장에서
자살폭탄테러로
22명 사망, 50여 명 부상
IS 관련 추정

2016년 12월 19일
트럭 돌진으로
12명 사망, 48명 부상
테러 공격으로 간주

2015년 2월 14일
문화센터와 유대회당에
총기 난사로 2명 사망,
5명 부상
급진 이슬람인의 테러

덴마크

코펜하겐

2015년 1월 7~9일
샤를리엡도 사건
총기난사로 17명 사망
알케에다, IS 관련

영국

맨체스터

베를린

독일

2016년 3월 22일
공항, 지하철에 자살폭
탄테러로 32명 사망,
340명 부상
IS 관련

벨기에

브뤼셀

2015년 11월 13일
자살폭탄테러로
130명 사망, 35여 명 부상
IS 관련

파리

프랑스

니스

이탈리아

2016년 7월 15일
화물차 돌진으로
80명 이상 사망,
200여 명 부상
IS 관련

스페인

그리스

럽으로 몰려들고 있습니다. 특히, 그리스에는 터키 쪽에서 바다를 건너온 난민들이 몰려들면서 전국적으로 6만 명을 넘어섰습니다. 이들 대부분은 열악한 난민촌에서 비참한 생활을 하며 망명 신청이 받아들여지길 기다리고 있습니다. 그런데 유럽 내 이슬람 급진 테러가 증가하고 이민자·난민 범죄에 대한 불안이 높아지면서 난민 규제 정책을 강화해야 한다는 목소리에 힘이 실리고 있습니다. 실제로 이탈리아에서는 무자격 난민 추방 조치를 강화하고 있고, 프랑스 극우 진영의 마린 르펜 국민전선(FN)

대표는 건강보건 시스템의 포화 문제를 언급하며 불법 이민자 추방을 강하게 주장하고 있습니다. 한편 인권 단체들과 진보 진영에서는 전쟁이나 박해를 피해온 이민자들을 홀대하는 것에 반대하며 "국경 반대, 난민 추방 중단"을 주장했습니다. 이렇게 현재 유럽 사회는 '테러 예방'과 '난민 인권 보호'라는 두 가지 문제 사이에서 더 나은 해결책을 찾고자 고민하며 몸살을 앓고 있습니다. 🌐

—2017년 6월 10일

모험에 대한 열정은 지리학에서 나온다!

제임스 후퍼(James Hooper)*

지리학은 언제나 저의 상상력을 자극하는 학문이었습니다. 중고교 시절 지리 시간은 가보지 못한 장소로의 탐험이었고, 대학에서 전공한 지리학은 제 주위를 둘러싼 세상을 이해하는 방법이 되어주었습니다. 제게 지리학의 매력이란 그런 것입니다. 공간과 사람, 그 관계와 과정에 대한 연구이며, 지구상의 어떤 것도 지리학의 범위를 벗어날 수 없습니다. 지리학자는 사막은 왜 건조한지, 열대우림은 왜 습하고, 산은 왜 높으며, 바다는 왜 깊은가에 대한 질문을 던집니다. 하지만 여기서 그치지 않고 그러한 자연환경을 인간은 어떻게 인지하고 상호작용하며 어떠한 문화를 만들어나가는지까지 고민합니다.

　우리는 모두 장소에 속해 있습니다. 각자가 나고 자란 장소에 따라 다른 사회와 문화, 문명에 뿌리를 내리게 됩니다. 이와 마찬가지로, 우리는 새로운 문화와 기술을 받아들여 새로운 장소성을 창조하기도 합니다. 인간의 역사상 가장 오래도록 이어져온 노력 중의 하나는 거리의 장벽을 조금씩 무너뜨리는 것입니다. 커뮤니케이션 방식의 변화와 교통의 발전에 따라 전혀 다른 자연조건의 환경과 문화들이 동시에 존재할 수 있게 되었습니다. 우리는 더욱 쉽고 빠르게 한 장소에서 다른 장소로 이동할 수 있게 된 첫 번째 세대라고 할 수 있습니다. 우리는 전혀 다른 문화의 사람들과 교류를 하고 아이디어를 나누게 되면서 전례 없는 역동적인 문화를 만들어나가고 있습니다.

여행과 지리학은 서로 떼려야 뗄 수 없는 관계에 있습니다. 지리학은 제게 세상에 대한 호기심과 모험에 대한 열정을 부추기는 연료와 같은 존재입니다. 저는 수업 시간에 배운 것을 직접 제 두 눈으로 보고 싶었습니다. 모험을 떠난 첫 번째 이유였죠! 실제 여행길에 올라 바라본 세상은 제가 기대했던 것보다 훨씬 선명했고 깊었으며 다양했습니다. 그래서 다시 돌아와 더 배워야만 했습니다. 지리학이 제가 경험한 일들을 설명할 수 있을 테니까요. 여행을 하면 할수록 지리학을 더 이해하고 싶고, 더 배우면 배울수록 직접 경험하기 위해 여행하고 싶어졌습니다.

여기 지리 선생님들과 함께한 여행 이야기 책이 제게 그러했듯 독자 여러분의 모험심에 불을 지피는 계기가 되길 바랍니다.

모두 행복한 여행하시길 바라며…….

• 영국의 탐험가. 영국 최연소로 에베레스트 등반에 성공했으며, 2008년《내셔널 지오그래픽》이 뽑은 '올해의 탐험가'에 선정됨. 북극에서 남극까지 무동력으로 종단하는 탐험을 했고, 유학 온 한국을 '제2의 고향'으로 여기며 JTBC〈비정상회담〉에 출연하는 등 다양한 활동을 펼침.

• P.22 아사쿠사의 현관 가미나리몬

CC BY-SA 2.0

IQRemix, 〈Sensoji-Asakusa Kannon Temple〉

https://goo.gl/images/SRWN7b

• P.23 센소지-호조문

CC BY-SA 2.0

Luis Villa del Campo, <Hōzōmon Gate at the Sensō-ji in Asakusa>

https://commons.wikimedia.org/wiki/File:Hozomon_sensoji.jpg

• P.23 센소지-관음당

CC BY-SA 3.0

Bgabel, <In der Haupthalle Goku-den im Senso-Schrein>

https://commons.wikimedia.org/wiki/File:JP-tokio-sensoji-goku-den.jpg

• P.26 아사쿠사 신사

CC BY-SA 3.0

Kakidai, <Asakusa Shrine in Taitō-ku, Tokyo>

https://ko.wikipedia.org/wiki/%ED%8C%8C%EC%9D%BC:Asakusa_
shrine_2012.JPG

• P.29 오다이바 가는 길-유리카모메

CC BY-SA 3.0

Tim Adams, <Yurikamome Line leaves station in Tokyo Japan>

https://commons.wikimedia.org/wiki/File:Yurikamome_Line_leaves_station_in_
Tokyo_Japan.png

- P.30 오다이바의 야경
CC BY-SA 3.0
Stéfan Le Dû, <Tokyo Bay and Rainbow Bridge from Odaiba>
https://commons.wikimedia.org/wiki/File:Tokyo_Bay_and_Rainbow_Bridge_
from_Odaiba.jpg

- P.32 도쿄타워
CC BY-SA 3.0
유진선, 〈도쿄 타워를 아래에서 본 모습〉
https://ko.wikipedia.org/wiki/%EB%8F%84%EC%BF%84_%ED%83%80%E
C%9B%8C#/media/File:TT.JPG

- P.40 오토와 산의 맑은 물
Public Domain
Amanda Lucidon, <flotus Japan 4>
https://obamawhitehouse.archives.gov/sites/default/files/image/image_file/flotus_
japan_4.jpeg

- P.46 평화의 샘
CC BY-SA 3.0
STA3816, <The fountain of peace in Nagasaki Peace Park, Japan>
https://commons.wikimedia.org/wiki/File:Fountain_at_Nagasaki_Peace_Park.jpg

- P.57 천단공원 황궁우
CC BY-SA 2.0
Saad Akhtar, <TOH Another Hall 3>
https://ko.wikipedia.org/wiki/%EC%B2%9C%EB%8B%A8#/media/File:TOH_

Another_Hall_3.jpg

- P.125 페라나칸 전통의상

Jamieson Teo, <Kebaya>

https://commons.wikimedia.org/w/index.php?search=singapore+peranakan&title
  =Special:Search&go=Go&uselang=ko&searchToken=4ztcl17ayo7fw0bx4tsuj4j
  oj#/media/File:Kebaya_1.jpg

- P.160 빅토리아 기념관

PlaneMad, <The north facade of the Victoria Memorial (Kolkata), India>

https://commons.wikimedia.org/wiki/File:Victoria_Memorial_Kolkata_panora-
  ma.jpg?uselang=ko

- P.175 마린 드라이브

SevenSoft, <Overcast at Marine Drive>

https://en.wikipedia.org/wiki/Marine_Drive,_Mumbai#/media/File:Overcast_at_
  Marine_Drive.jpg

- P.240 푸니쿨라

Sergey Ashmarin, <Floibanen, the funicular>

https://commons.wikimedia.org/wiki/File:Floibanen,_the_funicular_-_Bergen,_
  Norway_-_panoramio.jpg

- P.246 오로라

Carsten, <Aurora borealis Norway 2013>